浙江省普通高校
新形态教材项目

园林植物景观设计项目化立体教程

宋　扬　王建华　林文扬 ◉ 主　编

U0227782

清华大学出版社
北京

内 容 简 介

　　本书紧密结合工作实际，以植物种植设计的规律为基础，从种植图纸表现、造景艺术理论、植物生态习性和乔灌草种植设计的基本知识入手，对不同环境、不同类型绿地的种植设计要点进行了全面介绍。本书突出了实用性强的特点，理论与实践并重，图文并茂。本书还对优化种植设计工作流程进行了论述。为便于读者按照流程快速掌握相关知识，还提供了相应的植物品种性状、园林应用和生态习性等积累性的知识表单，可实现便捷检索。

　　本书可作为植物景观设计手册。无专业背景的读者可以通过本书学习植物配置的相关知识，从事风景园林专业的人员可以通过本书学习植物景观设计方案。

图书在版编目（CIP）数据

园林植物景观设计项目化立体教程 / 宋扬，王建华，林文扬主编.—北京：清华大学出版社，2022.6
（2023.8重印）

　　ISBN 978–7–302–59753–7

　　Ⅰ.①园… 　Ⅱ.①宋… ②王… ③林… 　Ⅲ.①园林植物—景观设计—教材 　Ⅳ.① TU986.2

中国版本图书馆 CIP 数据核字（2021）第 262512 号

责任编辑：杜　晓
封面设计：曹　来
责任校对：李　梅
责任印制：杨　艳

出版发行：清华大学出版社
　　　　网　　　址：http://www.tup.com.cn，http://www.wqbook.com
　　　　地　　　址：北京清华大学学研大厦 A 座　　　邮　　编：100084
　　　　社 总 机：010–83470000　　　　　　　　　邮　　购：010–62786544
　　　　投稿与读者服务：010–62776969，c-service@tup.tsinghua.edu.cn
　　　　质量反馈：010–62772015，zhiliang@tup.tsinghua.edu.cn
　　　　课件下载：http://www.tup.com.cn，010–83470410
印 装 者：三河市君旺印务有限公司
经　　销：全国新华书店
开　　本：185mm×260mm　　　印　　张：10.75　　　字　　数：219千字
版　　次：2022 年 8 月第 1 版　　　　　　　　　印　　次：2023 年 8 月第 2 次印刷
定　　价：46.00 元

产品编号：095640–01

前　言

　　本书以知识性和实用性为指导思想，紧密联系园林植物种植设计实际，以由易到难的基础知识、基础练习、分类练习到综合练习作为内容组织顺序，各个部分的项目由简到繁。本书以"德国工作过程系统化课程开发理论"为基础，打造立体的教学发展平台，以时间为横轴将"园林绿化设计"课程分成四个阶段组织教学；以项目为纵轴，通过学习情景设计安排教学内容；以三维仿真技术的实训项目为竖向长轴，为本书与行业发展相结合，开展社会服务提供广阔的发展空间。

　　为了在种植设计教学和工作中渗入创新意识、在教学实施过程以及作业的安排中注重实践性和多样性，本书指导设计师在园林绿化设计阶段运用虚拟现实技术，使设计师和客户的空间体验更加具有交互性和直观性，给设计师提供了一个方案创作更科学直观的新途径，使效果图更加符合设计师的设计表达，能更加准确充分地向甲方传递设计理念。

　　由于篇幅的关系，本书各个知识点的表述都停留在较基础的内容上，但本书结合植物配置的科学性、艺术性原则，将案例分析结果理论化、系统化，使其具有强烈的实践应用特点。通过学习本书，不同学科背景的读者都可以按部就班学会植物的配置。本书是一本从事景观设计工作者看得懂、用得着、学得会的通俗易懂的入门植物造景教材。本书每章都设有教学重点的微课视频，可以扫码实现碎片化学习。

　　本书由浙江同济科技职业学院宋扬、江苏无国界航空发展有限公司副总经理王建华、浙江同济科技职业学院林文扬担任主编，杭州市园林绿化股份有限公司常务副总裁李寿仁、浙江同济科技职业学院吴佳泓和朱夏丽、浙江科技学院宋晓青、浙江树人大学饶显龙等担任副主编。此外，浙江同济科技职业学院的学生林昕、吴明锦、阮麒诺、李昊、周娟、郭林灵、郑夏平、赖璐怡等参与了本书的编写工作，在此一并致谢！

在本书编写过程中，学习了孙筱祥、卢建国等各位著名园林植物种植设计专家的教材和设计理念，受到业内企业知名专家陈煜初的帮助，在此表示衷心的感谢！由于编者水平有限，书中不足之处在所难免，敬请读者批评指正。

宋　扬

2022 年 3 月

目 录

项目 1　园林植物图纸表现技法

工作任务导入　☞

项目 1 工作任务导入

知识准备

1.1　园林植物种植图分类及其要求

1.1.1　植物种植图分类

1. 平面图

平面图（H 面投影）表现植物的种植位置、规格等，如图 1-1 所示。

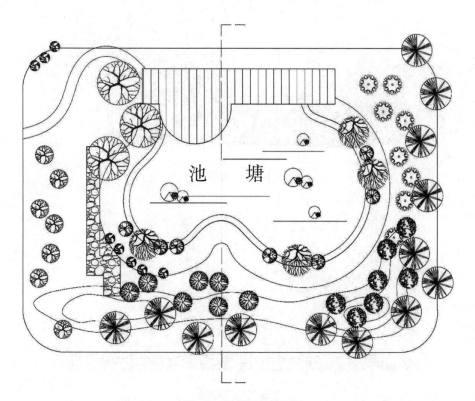

池　塘

❖ 图 1-1　植物种植平面图

2. 立面图

正立面图（V 面投影）或侧立面图（W 面投影）表现植物之间的水平距离和垂直高度。如图 1-2 所示。

❖ 图 1-2　植物种植立面图

3. 剖面图

用一垂直的平面对整个植物景观或某一局部进行剖切，并将观察者和这一平面之间的部分去掉，如果绘制剖切断面及剩余部分的投影，则称为剖面图，如果仅绘制剖切断面的投影，则称为断面图。剖面图表现植物景观的相对位置、垂直高度以及植物与地形等其他构景要素的组合情况。如图 1-3 和图 1-4 所示。

❖ 图 1-3　剖面图

❖ 图 1-4　断面图

4. 透视效果图

透视分为一点透视、两点透视和三点透视。透视效果图表现植物景观的立体观赏效果，分为总体鸟瞰图和局部透视效果图。如图 1-5 所示。

❖ 图 1-5　植物景观透视效果图示例

植物种植图绘制要求如下。

（1）图纸要规范，应按照制图国家标准，如《房屋建筑制图统一标准》（GB/T 50001–2017）、《总图制图标准》（GB/T 50103–2010）、《建筑制图标准》（GB/T 50104–2017）以及《风景园林制图标准》（CJJ/T 67–2015）等绘制图纸，图线、图例、标注等应符合规范要求。

（2）内容要全面，标准的植物种植平面图中必须注明图名，绘制指北针、比例尺，列出图例表，并添加必要的文字说明。

（3）绘制时要注意图纸表述的精度和深度应与对应设计环节及甲方的具体要求相符。

1.1.2　植物种植图绘制要求

1. 植物种植规划图

植物种植规划图的目的在于标示植物分区布局情况，所以植物种植规划图仅绘制出植物组团的轮廓线，并利用图例或者符号区分常绿针叶植物、阔叶植物、花卉、草坪、地被等植物类型，无须标注每一株植物的规格和具体种植点的位置。植物种植规划图绘制应包含以下内容。

（1）图名、指北针、比例、比例尺。

（2）图例表。包括序号、图例、图例名称（常绿针叶植物、阔叶植物、花卉、地被等）、备注。

（3）设计说明。包括植物配置的依据、方法、形式等。

（4）植物种植规划平面图。绘制植物组团的平面投影，并区分植物的类型。

（5）植物群落效果图、剖面图或者断面图等。

2. 植物种植设计图

植物种植设计图需要利用图例区分各种不同植物，并绘制出植物种植点的位置、植物规格等。植物种植设计图绘制应包含以下内容。

（1）图名、指北针、比例、比例尺、图例表。

（2）设计说明。包括植物配置的依据、方法、形式等。

（3）植物表。包括序号、中文名称、拉丁学名、图例、规格（冠幅、胸径、高度）、单位、数量（或种植面积）、种植密度、其他（如观赏特性、树形要求等）、备注。

（4）植物种植设计平面图。利用图例标示植物的种类、规格、种植点的位置以及与其他构景要素的关系。

（5）植物群落剖面图或者断面图。

（6）植物群落效果图。表现植物的形态特征以及植物群落的景观效果。

在绘制植物种植设计图的时候，一定要注意在图中标注植物种植点位置，植物图例的大小应该按照比例绘制，图例数量与实际栽植植物的数量要一致。

3. 植物种植施工图

植物种植施工图是园林绿化施工、工程预（决）算编制、工程施工监理和验收的依据，并且对于施工组织、管理以及后期的养护都起着重要的指导作用。植物种植施工图绘制应包含以下内容。

（1）图名、指北针、比例、比例尺。

（2）植物表。包括序号、中文名称、拉丁学名、图例、规格（冠幅、胸径、高度）、单位、数量（或种植面积）、种植密度、苗木来源、植物栽植及养护管理的具体要求、备注。

（3）施工说明。对于选苗、定点放线、栽植和养护管理等方面的要求进行详细说明。

（4）植物种植施工平面图。利用图例区分植物种类，利用尺寸标注或者施工放线网格确定植物种植点的位置——规则式栽植需要标注出株间距、行间距以及端点植物的坐标或与参照物之间的距离，自然式栽植往往借助坐标网格定位。

（5）植物种植施工详图。根据需要，将总平面图划分为若干区段，使用放大的比例尺分别绘制每一区段的种植平面图，绘制要求同植物种植施工平面图。为了方便读图，应该同时提供一张索引图，说明从总图到详图的划分情况。

（6）文字标注：利用引线标注每一组植物的种类、组合方式、规格、数量（或者面积）。

（7）植物种植剖面图或断面图。

此外，种植层次较为复杂的区域应该绘制分层种植施工图，即分别绘制上层乔木的种植施工图和中下层灌木地被等的种植施工图，其绘制要求同上。园林上木配植图、园林下木配植图如图 1-6 所示。

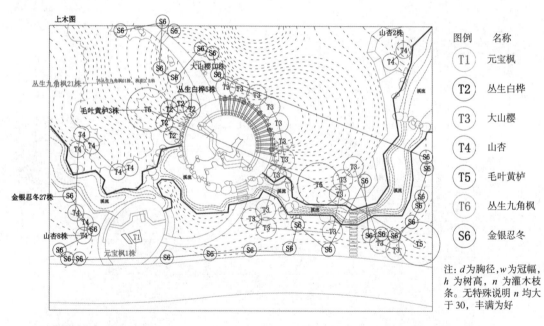

注：d 为胸径，w 为冠幅，h 为树高，n 为灌木枝条。无特殊说明 n 均大于 30，丰满为好

上木统计表

代号	图例	植物名	冠幅（m）	高度（m）	胸径（cm）	单位	数量
T1	T1	元宝枫	350	600	10	株	1
T2	T2	丛生白桦	500	800	10	株	5
T3	T3	大山樱	300	400	10	株	17
T4	T4	山杏	200	400	6	株	10
T5	T5	毛叶黄栌	400	500	10	株	3
T6	T6	丛生九角枫	300	600	6	株	21
S6	S6	金银忍冬	150～180	150～180	—	株	27

园林上木配植图

❖ 图 1-6　园林上、下木配植图

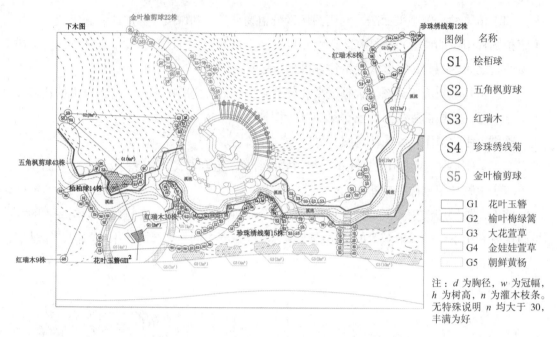

下木统计表

代号	图例	植物名	株高 H（cm）	蓬径 P（cm）	单位	数量	种植密度	面积
S1	S1	桧柏球	80～100	80～100	株	14	—	—
S2	S2	五角枫剪球	100～120	80～100	株	43	—	—
S3	S3	红瑞木	120～150	120～150	株	46	—	—
S4	S4	珍珠绣线菊	80～100	80～100	株	27	—	—
S5	S5	金叶榆剪球	120～150	80～120	株	22	—	—
G1	□	花叶玉簪	—	—	株	216	36 株 /m²	6m²
G2	□	榆叶梅绿篱	120	—	株	116	4 株 /m²	29m²
G3	□	大花萱草	—	—	株	1127	49 株 /m²	23m²
G4	□	金娃娃萱草	—	—	株	931	49 株 /m²	19m²
G5	□	朝鲜黄杨	50	—	株	250	25 株 /m²	10m²

园林下木配植图

❖ 图 1-6（续）

1.2 园林植物的表现技法

《风景园林制图标准》对植物的平面及立面表现方法作了规定和说明，图纸表现中应参照该标准的要求和方法执行，并应根据植物的形态特征确定相应的植物图例或图示。作为设计师，除了要掌握植物的绘制方法，还应拥有一套专用植物图库（平面图、立面图、效果图），以便在设计过程中选用。

1.2.1　乔木的表现技法

1. 平面表现

乔木的平面图是树木树冠和树干的平面投影（顶视图），最简单的表示方法就是以种植点为圆心，以树木冠幅为直径作圆，并通过数字、符号区分不同的植物，即乔木的平面图例。乔木平面图例的表现方法有很多种，常用的有轮廓型、枝干型、枝叶型三种。

（1）轮廓型［图 1-7（a）］：确定种植点，绘制树木平面投影的轮廓，可以是圆，也可以带有棱角或者凹缺。

（2）枝干型［图 1-7（b）］：做出树木的树干和枝条的水平投影，用粗细不同的线条表现树木的枝干。

（3）枝叶型［图 1-7（c）］：在枝干型的基础上添加植物叶丛的投影，可以利用线条或者圆点表现枝叶的质感。

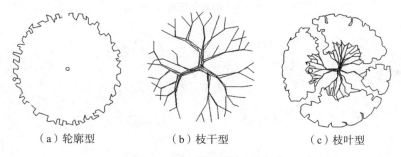

（a）轮廓型　　　　　　　　（b）枝干型　　　　　　　　（c）枝叶型

❖ 图 1-7　树木平面图例表现形式

在绘制的时候，为了方便识别和记忆，树木的平面图例最好与其形态特征一致，尤其是针叶树种与阔叶树种应该加以区分，如图 1-8 所示。

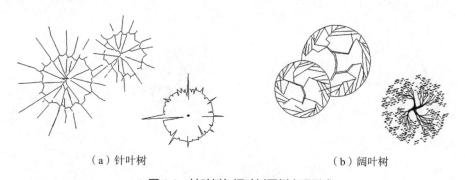

（a）针叶树　　　　　　　　　　　　　（b）阔叶树

❖ 图 1-8　针叶树与阔叶树图例表现形式

此外，为了增强图面的表现效果，常在植物平面图例的基础上添加落影。树木的地面落影与树冠的形状、光线的角度等有关，在园林设计图中常用落影圆表示，如图 1-9（a）所示，也可以在此基础上稍作变动，如图 1-9（b）所示，图 1-9（c）是树丛落影的绘制方法。

图 1-10 提供了一些树木平面图例供参考。

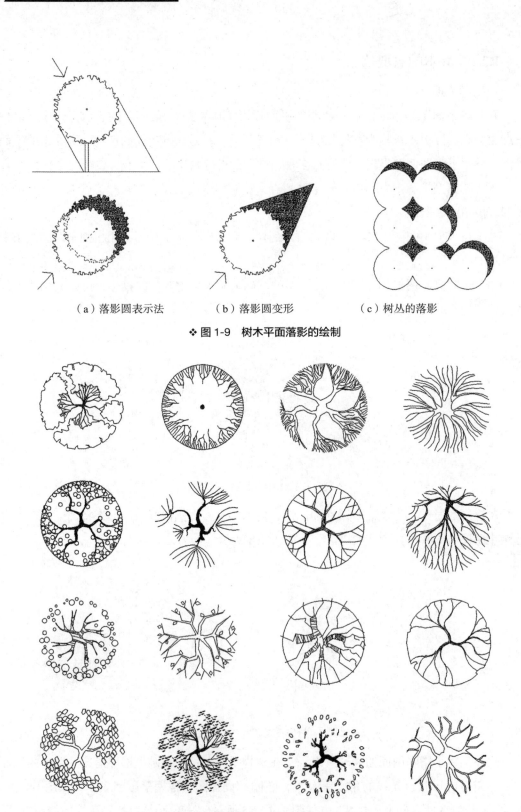

（a）落影圆表示法　　　　（b）落影圆变形　　　　（c）树丛的落影

❖ 图 1-9　树木平面落影的绘制

❖ 图 1-10　树木平面图例

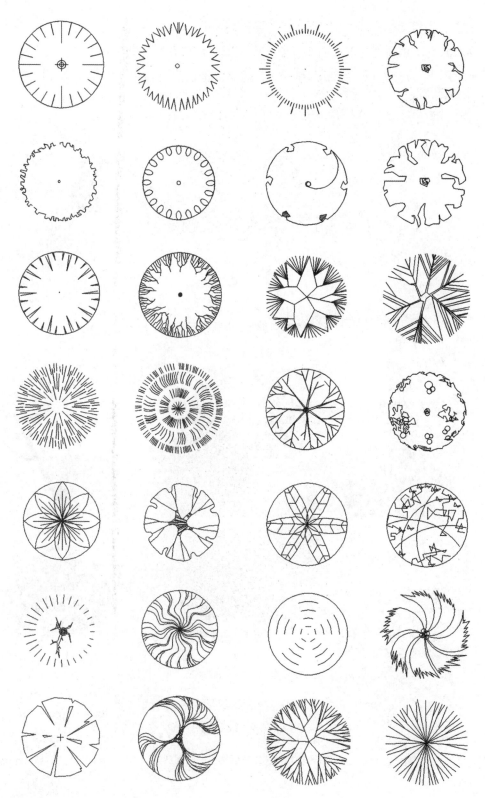

❖ 图　1-10（续）

2. 立面表现

乔木的立面是乔木的正立面或者侧立面投影，表现方法也分为轮廓型、枝干型、枝叶型三种（图 1-11）。此外，按照表现方式，树木立面表现还可以分为写实型（图 1-12）和图案型（图 1-13）。

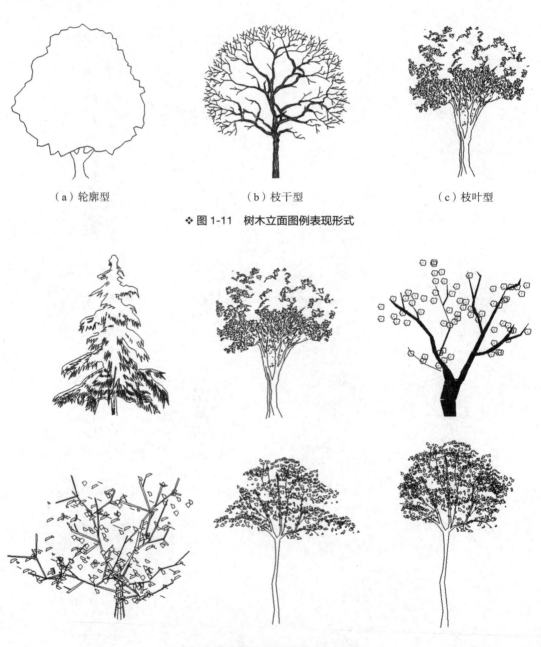

（a）轮廓型　　　　　　（b）枝干型　　　　　　（c）枝叶型

❖ 图 1-11　树木立面图例表现形式

❖ 图 1-12　树木立面图例——写实型

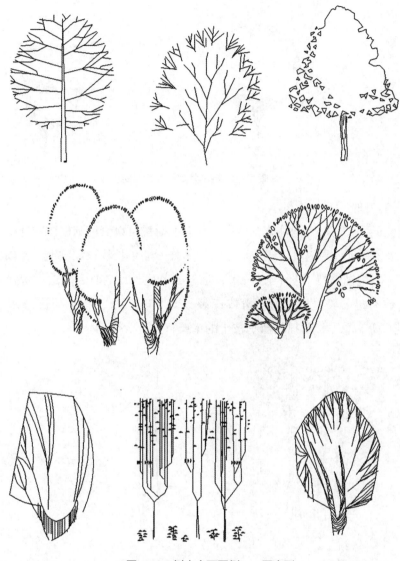

❖ 图 1-13　树木立面图例——图案型

3.立体效果表现

树木的立体效果表现要比平面、立面的表现复杂些，要想将植物描绘得更加逼真，必须通过长期的观察和大量的练习。乔木立体景观效果一般按照由主到次、由近及远的顺序绘制，单株乔木要按照由整体到细部、由枝干到叶片的顺序绘制。

1）外观形态的表现

尽管树木种类繁多、形态多样，但都可以简化成球形、圆柱形、圆锥形等基本几何形体，如图 1-14 所示，首先将乔木大体轮廓勾勒出来，然后再进行下一步的描绘。

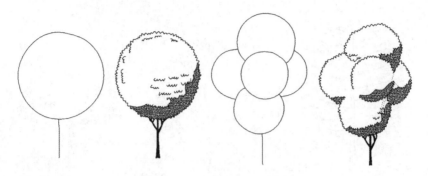

❖ 图1-14 树木外观形态的表现

2）枝干的表现

树木的枝干可以近似为圆柱体，所以在绘制的时候可以借助圆柱体的透视效果简化作图。另外，为了保证效果逼真，还应该注意树木枝干的生长状态和纹理，比如核桃、楸等植物的树皮呈不规则纵裂 [图1-15（a）]；油松分节生长，老时表皮鳞片状开裂 [图1-15（b）]；而多数幼树一般树皮较为光滑或浅裂 [图1-15（c）]；梧桐树皮翘起，具有花斑 [图1-15（d）] 等。总之，要抓住植物枝干的主要特点进行描绘。

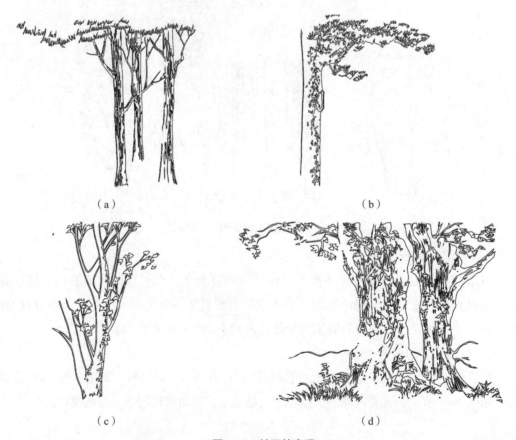

（a）　　　　　　　　　　　　　　　（b）

（c）　　　　　　　　　　　　　　　（d）

❖ 图1-15 枝干的表现

3）叶片的表现

图 1-16 主要表现叶片的形状及着生方式，重点刻画树木边缘和明暗分界处以及前景受光处的叶子，至于大块的明部、中间色和暗部可用不同方向的笔触加以概括。

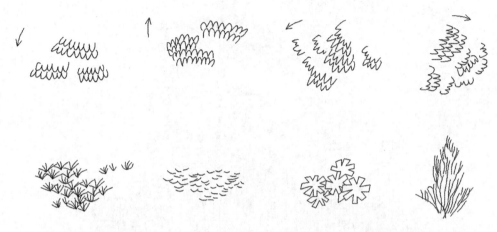

❖ 图 1-16　树木叶片的表现

4）阴影的表现

物体按照光源与观察者的相对位置分为迎光和背光，两种条件下物体的明暗面和落影是不同的，如图 1-17 所示。所以，绘制效果图时，首先应该确定适宜的阳光照射方向和照射角度，然后根据几何形体的明暗变化规律，确定明暗分界线，再利用线条或者色彩区分明暗界面，最后根据经验或者制图原理绘制树木在地面及其他物体表面上的落影。

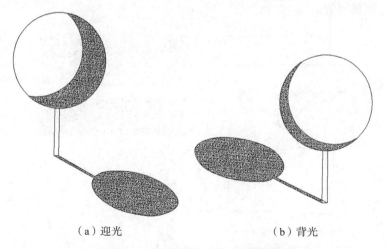

（a）迎光　　　　　　　　　　　（b）背光

❖ 图 1-17　不同光照条件下的阴影效果

5）远景与近景的表现

通过远景与近景的相互映衬，可以提高效果图的层次感和立体感。首先应该注意树木在空间距离中的透视变化，分清楚远近树木在光线作用下的明暗差别。通常，近景树特征明显，层次丰富，明暗对比强烈；中景树特征比较模糊，明暗对比较弱；远景树只有轮廓特征，模糊一片，如图 1-18 所示。

❖ 图 1-18　树木远景与近景的表现

1.2.2　灌木的表现技法

平面图中，单株灌木的表示方法与树丛相同，如果成丛栽植，可以描绘植物组团的轮廓线，如图 1-19 所示，自然式栽植的灌丛轮廓线不规则，修剪的灌丛或绿篱形状有的规则，有的不规则，但都圆滑。

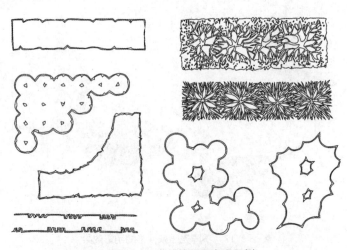

❖ 图 1-19　灌丛的平面表现示例

灌木的立面或立体效果的表现方法也与乔木相同，只不过灌木一般无主干，分枝点较低、体量较小，绘制的时候应该抓住每一品种的特点加以描绘，如图 1-20 所示。

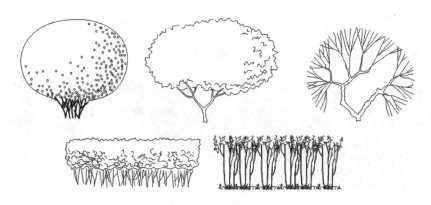

❖ 图 1-20　灌木的立面表现示例

1.2.3　草坪的表现技法

在园林景观中，草坪作为景观基底占有很大的面积，在绘制时同样也要注意其表现的方法，绘制草坪最常用的是打点法。

打点法［图 1-21（a）］：利用小圆点表示草坪，并通过圆点的疏密变化表现明暗或者凹凸效果，并且在树木、道路、建筑物的边缘或者水体边缘的圆点适当加密，以增强图面的立体感和装饰效果。

线段排列法［图 1-21（b）～（d）］：线段排列要整体，行间可以有重叠，可以留有空白，也可以用无规律排列的小短线或者线段表示，这一方法常常用于表现管理粗放的草地或草场。

此外，还可以利用上面两种方法表现地形等高线，如图 1-21（e）、（f）所示。

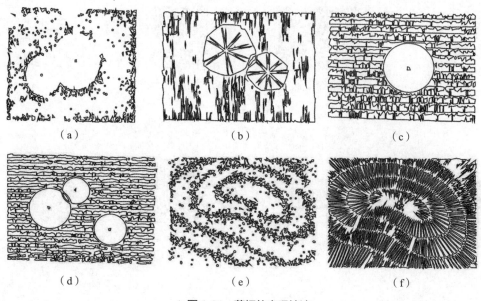

（a）　　　　　　　　（b）　　　　　　　　（c）

（d）　　　　　　　　（e）　　　　　　　　（f）

❖ 图 1-21　草坪的表现技法

1.2.4　地被的表现技法

地被一般利用细线勾勒出栽植范围，然后填充图案，如图 1-22 所示。

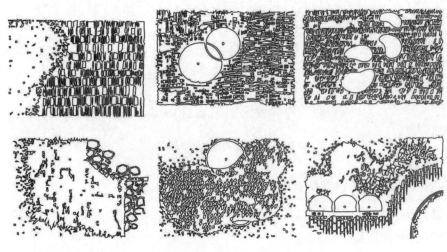

❖ 图 1-22　地被的表现技法

注：项目 1 图纸均为李昊描图。

1.3　认识植物项目实训

下载"形色"和"花伴侣"APP，现场辨识植物。

微课：绿化课程介绍　　微课：园林植物图纸
表现技法

工作任务实施与评价

项目 1 活动实施　　项目 1 活动评价与总结

项目2 植物造景艺术的相关理论

工作任务导入 ☞

项目 2 工作任务导入

知识准备

2.1 园林植物的观赏特性

2.1.1 植物整体形态观赏特性

在园林植物当中，不同类型的植物差异较大，有些植物的造型比较优美，具有非常高的观赏价值。一般来讲，园林植物具备四大方面的观赏特性：形态、色彩、质地、芳香。

（1）园林植物的形态往往最容易给人留下第一印象，如图 2-1 所示。

雾霾中的树　　　　　　尖直的水杉　　　　　　枝繁叶茂的榕树　　　　　轻盈的垂柳

❖ 图 2-1　不同形态的植物

雾霾中的树、尖直的水杉、枝繁叶茂的榕树、轻盈的垂柳等，都会给人完全不同的视觉感受，这些不同的视觉效果可以创造出风格迥异的景观空间。同一类树种会有不同的树冠、树形，也会形成不同的景观效果。

园林植物的形态一般包括植物的外形轮廓和植物的体量两个方面。

① 植物的外形轮廓主要有以下几种形态：圆柱形、圆球形、瓶插形、风致形、金字塔形、椭圆形、不规则形，如图 2-2 所示。

❖ 图 2-2 植物的外形轮廓

圆柱形植物通过引导视线向上的方式，突出了空间的垂直面，植物整体比较高耸。圆球形植物在引导视线方面既无方向性，也无倾向性。瓶插形植物给人们感觉十分直观，类似于日常生活中酒瓶的酒盖，因此而得名。因为其独特的造型，在瓶插形植物的树冠下，可以构建私密空间。风致形植物，从叶形上就可以感觉到潇洒随意，能充分表现出植物优美的姿态。金字塔形植物的总体轮廓分明，往往作为视觉景观的重点。椭圆形植物整体感觉比较圆润，可以为植物群落和空间提供一种垂直感和高度感，作为中间的过渡，在园林当中进行摆放。不规则形植物可以作为孤植树，放在突出的设计位置上，构成独特的景观效果。

② 园林植物的体量往往影响并决定着植物的观赏效果。园林景观如果离开体量的配合，植物的形状也很难表现出理想的效果。因此在园林设计当中，植物的体量往往起到对园林空间进行必要的划分、构图、与其他景观节点进行配合的作用。大体量的植物，在园林中本身就可以作为单独的景观节点。

（2）园林植物的色彩也是植物观赏特性的重点。人的眼睛对于色彩十分敏感。园林植物对园林美的直接贡献是呈现其色彩视觉美。同时植物的色彩能直接或间接影响人所处的室内外空间的气氛和情感。

① 叶色的观赏特征一般以群体性展示。叶片是植物一年中呈现色彩时间最长的部位；叶片的生长构成树木的树冠，突出树形，决定基调。常绿针叶树——常绿阔叶树——落叶树叶片颜色是由深到浅的。叶色呈深浓绿者有油松、圆柏、侧柏、女贞、山茶等；叶色呈浅绿色者有落羽杉、金钱松、七叶树等。季节叶类有金黄的银杏、鲜红的红枫等。如图 2-3 所示。

❖ 图 2-3　植物色彩（章颖摄）

②花的颜色比叶片更加丰富，因此花是园林植物的主要观赏部位。常见的花色有红色、白色、黄色、蓝紫色等。如图 2-4 所示。

❖ 图 2-4　花色（章颖摄）

红色花系的植物有山茶、茶梅、垂丝海棠、西府海棠、红花檵木等。如图 2-5 所示。

❖ 图 2-5　红色花系植物（章颖摄）

白色花系的植物有白玉兰、七叶树、紫叶李、金叶女贞、金森女贞等。如图 2-6 所示。

❖ 图 2-6 白色花系植物（蒋心怡摄）

黄色花系的植物有大吴风草、虎耳草、迎春花等。如图 2-7 所示。

❖ 图 2-7 黄色花系植物（章颖摄）

蓝紫色花系的植物有紫荆、毛杜鹃、紫花地丁等。如图 2-8 所示。

❖ 图 2-8 蓝紫色花系植物（蒋心怡摄）

（3）园林植物的质地取决于叶片、枝干的大小、形状及其排列，以及叶表面的光润度等。按植物的细腻程度可以分为三大类：粗质型、中质型、细质型。不同的植物质地会给人带来不同的心理感受。

① 粗质型植物特点是大叶片，疏松粗壮的枝干和松散的树冠，给人的感受就是强壮、

坚固、刚健。因此在景观中常作为视线焦点，但过多使用易显得粗放而不细腻。常见的粗质型植物有鸡蛋花、南洋杉、广玉兰、桃花心木、刺桐、木棉等。如图 2-9 所示。

❖ 图 2-9 粗质型植物

② 中质型植物特点是中等大小的叶片、枝干，比粗质型柔软，以及小密度的叶片，给人的感受就是自然、茁壮、有生机。因此在景观中常作为粗质型与细质型的过渡，配置比例大。常见的中质型植物有小叶榕、红花檵木、桂花、黄榕等。如图 2-10 所示。

❖ 图 2-10 中质型植物（吴明锦摄）

③ 细质型植物特点是具有许多小叶片和微小脆弱的小枝，给人的感受就是柔软、纤细、幽雅、细腻之感。因此在景观中有扩大视线距离的作用。常见的细质型植物有文竹、天门冬、南天竹、小叶榄仁、黄金叶、海桐等。如图 2-11 所示。

❖ 图 2-11 细质型植物（吴明锦摄）

（4）园林植物的芳香虽然没有办法依靠人的眼睛去欣赏，但是由于丰富的植物气味，会形成植物独具特色的嗅觉感官价值。比如盛开的桂花、在冬天悠远迷香的梅花以及在夏天绽放的荷花等。如图 2-12 所示。每一种植物的芳香都有非常大的差异。

❖ 图2-12　芳香植物

2.1.2　花的观赏特性

园林植物的花朵不仅在形状上千变万化，在颜色上也是五彩缤纷。单朵的花又常排聚成式样各异的花序，在开花季节形成了丰富的观赏效果。花的美从色、香、姿、韵四个方面来评价。如图2-13所示。

❖ 图2-13　花（章颖摄）

2.1.3　叶的观赏特性

叶的观赏点主要有叶形和叶色。作为近观，叶形的奇特可作为重点。叶色又可分为彩色叶和秋色叶两类。如图 2-14 所示。

❖ 图 2-14　叶（蒋心怡摄）

2.1.4　果实的观赏特性

果实的观赏价值体现在形态、大小、色彩、质地、光泽、数量等诸多方面。如图 2-15 所示。

❖ 图 2-15　果实（蒋心怡摄）

2.1.5　枝干的观赏特性

枝干的观赏价值主要体现在形态和色彩两方面。树干的形态有直、斜、曲、卧、垂、古、奇、斑驳等多种。如图 2-16 所示。

❖ 图 2-16　枝干（吴明锦摄）

2.1.6　根的观赏特性

可供观赏的根主要有气生根、呼吸根、露出地面的肉质根、块根、纺锤根、寄生根、支柱根、攀缘根等。如图 2-17 所示。

❖ 图 2-17　根（蒋心怡摄）

2.1.7　植物群落的观赏特性

植物有很多种类，它们的观赏特性都是不同的，存在观姿、观花、观叶、观果、观枝干等多方面的区别。在利用植物造景时，要充分发挥植物群落的自然特性。如图 2-18 所示。

❖ 图 2-18　植物群落

2.2　植物景观设计中的构景方法

2.2.1　对景

对景是园林构景手段之一。在园林中，登上亭、台、楼、阁、榭，可观赏堂、山、桥、树木；堂、桥、廊等处可观赏亭、台、楼、阁、榭。这种从甲观赏点观赏乙观赏点，从乙观赏点观赏甲观赏点的方法（或构景方法），叫对景。如图 2-19 所示。

❖ 图 2-19　对景（宋扬摄）

2.2.2　借景

借景是古典园林中常用的构景手段之一，即在视力所及的范围内，将好的景色组织到园林视线中。借景分为近借、远借、邻借、互借、仰借、俯借、应时借 7 类。如图 2-20 所示。

❖ 图 2-20　借景（宋扬摄）

2.2.3　障景

障景也称抑景，在园林中起着抑制游人视线的作用，是引导游人转变方向的屏障景物。它能欲扬先抑，增强空间景物感染力，引领观者感受一步一景、曲径通幽、层层叠叠的景观。障景有山石障、树丛障和树林障等形式。如图 2-21 所示。

❖ 图 2-21　障景（宋扬摄）

2.2.4　框景

框景是园林构景方法之一，空间景物不尽可观，平淡间有可取之景。框景是利用门框、窗框、树框、山洞等，有选择地摄取空间的优美景色，形成如嵌入镜框中图画的造景方式。中国古典园林中建筑的门、窗、洞，或者乔木树枝抱合成的景框，往往把远处的山水美景或人文景观包含其中，这便是框景。框景是中国古典园林中最富有代表性的造园手法之一。

如图 2-22 所示。

❖ 图 2-22　框景（宋扬摄）

2.2.5　夹景

夹景是一种带有控制性的构景方式，它不但能表现特定的情趣和感染力（如肃穆、深远、向前、探求等），以强化设计构思意境、突出端景地位，而且能够诱导、汇聚视线，使景视空间定向延伸，直到端景的高潮。如图 2-23 所示。

❖ 图 2-23　夹景（宋扬摄）

2.2.6　漏景

漏景是从框景发展而来的。框景景色全观，漏景若隐若现，含蓄雅致。漏景可以用漏窗、漏墙、漏屏风、疏林等手法。如图 2-24 所示。

❖ 图 2-24　漏景（宋扬摄）

2.3 观赏特性与季相分析项目实训

分析图 2-25 中春、夏、秋、冬主要欣赏哪种植物？该植物的观赏特性是什么？

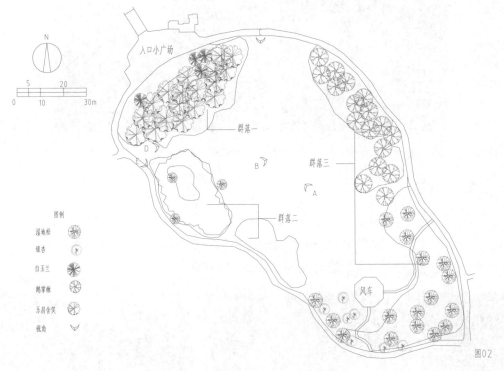

❖ 图 2-25 太子湾望山坪空间上木图

微课：园林植物   微课：园林植物
的观赏特性（1）   的观赏特性（2）

工作任务实施与评价   ☞

项目 2 活动实施   项目 2 活动评价与总结

项目3 园林植物的生态习性

工作任务导入 ☞

项目3 工作任务导入

知识准备

3.1 园林植物的主要生态习性分析

3.1.1 植物的生长环境

任何植物都不能脱离环境而单独存在，环境中的温度、水分、光照、土壤、空气等因素都对植物产生重要的生态作用。

3.1.2 温度对植物的生态影响

1. 与温度有关的概念

温度的三基点：植物在生长发育过程中所需的最低、最适、最高温度。

植物有以下温期：植物生长期积温、植物有效积温、温周期、物候期、寒害、冻害、霜害。

2. 植物与温度

温度是影响植物分布的重要因子，温度直接影响着植物的光合作用、呼吸作用、蒸腾作用，从而影响到植物的成活率和生长势，温度过高或者过低都不利于植物的生长发育。各气候带温度不同，植物类型也有差异，选择植物时应该注意植物分布的南北界限以及植物所能承受的极限高温或者极限低温。另外，由于季节性变温，植物形成了与此相适应的物候期，呈现出有规律的季相变化，在进行植物配置时应该熟练掌握植物的物候期以及由此产生的季相景观，合理配置，充分发挥植物的花、果、叶等的观赏特性。

3.1.3 水分对植物的生态影响

（1）以水分作为主导因子划分的植物生态类型。水分是植物体重要的组成成分，是保证植物正常生理活动、新陈代谢的主要物质。根据植物对水的依赖程度可把植物分为水生植物和陆生植物两大类。如图3-1所示。

❖ 图 3-1　以水分作为主导因子划分的植物生态类型

（2）植物抵抗水逆境的能力。如图 3-2 所示。

❖ 图 3-2　植物抵抗水逆境的能力

3.1.4　光照对植物的生态影响

光照对植物的作用主要表现在光照强度、光照时间和光谱成分三方面。

1. 光照强度对植物的影响

根据园林植物对光照强度的要求，植物可以分为阳性、耐阴、阴性三种类型。由于植物具有不同的需光性，使得植物群落具有了明显的垂直分层现象。如图 3-3 所示。

❖ 图 3-3　不同光照的植物不同的形态

2. 光照时间长短对植物的影响

植物开花要求一定的日照长度，这种特性与其原产地日照状况密切相关，这是植物在系统发育过程中对于所处的生态环境长期适应的结果。对日照长度有不同要求的植物如图 3-4 所示。

喜光植物

红花檵木　　银杏　　梧桐　　三色堇

红叶石楠　　火棘　　龙柏　棕榈　　美女樱

美人蕉　　迎春花　　南天竺

五色梅　剑叶金鸡菊　　鸡蛋花　　雏菊　　紫娇花

❖ 图 3-4　对日照长度有不同要求的植物

叶子花　　　　爆仗竹　　　　东京樱花　　　　水杉

月季　　　垂枝大叶早樱　　　垂丝海棠　　　红枫

中性植物

罗汉松　　　栀子花　　　海桐　　　龟甲冬青

无刺枸骨　　　狭叶十大功劳　　　小檗

云南黄馨　　　六道木　　　七叶树

❖ 图　3-4（续）

蔓长春花　　　　金丝桃　　　　　　含笑　　　　　　　六月雪

红花酢浆草　　　　　　鸢尾

耐阴植物

八角金盘　　　　吉祥草　　　　　常春藤　　　　沿阶草麦冬

绣球　　　　　　粉花月见草　　　　　　朱蕉

水杉　　　　　蛇莓　　　　　　二月兰　　　　半枝莲

❖ 图　3-4（续）

3. 光污染与植物

在城市规划阶段就要通过合理的规划为植物以及其他生物创造一个健康的、适宜的光照环境。城市繁华商业地段或者城市主要交通道路，必须长时间、高亮度照明的区域，应栽植对光不敏感的植物。如图 3-5 所示。

❖ 图 3-5　长时间照明道路边种植对光不敏感的植物

3.1.5　土壤对植物的生态影响

植物的水分、养分大部分源自土壤，因此土壤是影响植物生长、分布的又一重要因子。土壤分为砂质土、黏质土、壤土。

（1）砂质土的性质：含沙量多，颗粒粗糙，渗水速度快，保水性能差，通气性能好。如图 3-6 所示。

（2）黏质土的性质：含沙量少，颗粒细腻，渗水速度慢，保水性能好，通气性能差。如图 3-7 所示。

（3）壤土的性质：含沙量一般，颗粒一般，渗水速度一般，保水性能一般，通气性能一般。如图 3-8 所示。

❖ 图 3-6　梧桐（适合砂质土）

❖ 图 3-7　荷花（适合黏质土）

❖ 图 3-8 小麦（适合壤土）（林昕摄）

3.1.6 空气对植物的生态影响

1. 空气湿度与植物

空气湿度影响植物蒸腾作用以及植物体的水分、养分平衡。空气相对湿度小，则植物蒸腾旺盛，吸水较多，植物对养分的吸收也多，生长加快。

2. 风与植物

低速风有利于植物花粉、种子的传播，所以对植物是有益的。而高速风，也就是强风对植物的生长会产生不利的影响，比如强风会降低植物的生长量，风力越大，树木越矮小；基部越粗，尖削度也越大。旗形树如图 3-9 和图 3-10 所示。

❖ 图 3-9 舟山嵊泗沿海旗形树（林昕摄）

抗风能力较强的植物

香樟　　　　　　　　国槐　　　　　　　　　　榕树（大自然）

棕榈　　　　　木棉　　　　　　松树　　　　　广玉兰

银杏　　　　枫香　　　　水杉　　　　　柳杉

小檗　　　　　　　　　　　无患子

❖ 图 3-10　不同抗风能力的植物

抗风能力较弱的植物

枇杷　　　　　　　雪松　　　　　　　榕树（城市）

梧桐　　　　　　　垂柳　　　　　　　榆树

樱花　　　　　　　桃树

❖ 图　3-10（续）

3.　空气污染与植物

空气污染也会对植物生长造成影响。如图 3-11 所示。

对污染的适应力和抵抗力较强的植物

垂柳　　　　　　绣球　　　　　银杏　　　　　八角金盘

❖ 图 3-11　适应污染能力不同的植物

榆树　　　　国槐　　　　牡丹　　　　龙柏

枫香　　白玉兰　　　　柳杉　　　　蜡梅

桂花　　　　海桐　　　　女贞

对污染的适应力和抵抗力较弱的植物

雪松　　　水杉　　　　桃树

樱花　　　　杜鹃　　　　金丝桃

❖ 图　3-11（续）

3.2　植物大小姿态与空间构成

（1）不同层次主要植物种类见表 3-1。

表 3-1　不同层次主要植物种类

层　　次	名　　称	代表规格（默认胸径 cm）
第一层： 高 7～8m、胸径 20cm 以上的大乔木	滇朴	20～60
	桂花	20～40
	黄连木	25～40
	银杏	20～50
	鸡嗉子	20～30
	皂角	20～50
	小叶榕桩	30～100
	高山榕桩	30～60
	香樟	20～50
	细叶橘仁	20～25
	广玉兰	20～25
	橡皮榕	40～100
第二层： 3～6m 高的中乔木	乐昌含笑	10～18
	白玉兰	8～18
	紫玉兰	8～15
	柳叶榕	高度 3～6m
	桂花	12～18
	小叶榕	10～18
	高山榕	10～18
	冬樱花	10～18
	香樟	10～18
	桢橘	10～18
	杜英	10～18
	天竺桂	10～18
	梨树	15～30
	拟单性木兰	10～18
	滇朴	10～18
	合欢	10～18
	垂丝海棠	高度 3～5m

续表

层　　次	名　　称	代表规格（默认胸径cm）
第二层： 3～6m 高的中乔木	山楂	10～18
	水杉	10～18
	银杏	8～18
	大树杨梅	高度 3～5m
	红花羊蹄甲	高度 3～5m
	黄葛榕	10～18
	山玉兰	10～18
	三角枫	10～18
	枫香	10～18
	栾树	10～18
	细叶橘仁	8～18
	高山望	8～18
	冬樱花	8～18
	云南樱花	8～18
	木莲	10～18
	鹅掌楸	10～18
	重阳木	10～18
	广玉兰	10～18
	紫薇	12～18
	垂叶棉	12～18
	落羽杉	10～18
第三层： 1～3m 高的小乔木、大灌 木、球形植物	日本樱花	6～10
	红叶李	高度 2～3m
	华东茶	高度 1～3m
	紫荆	高度 2～3m
	紫薇	6～10
	蜡梅	高度 1～3m
	缅桂	高度 2～3m
	锦带花	高度 1～3m
	非洲茉莉球	高度 1～2m
	黄金榕球	高度 1～3m
	红枫	地径 5～10
	石榴	高度 2～3m

续表

层　　次	名　　称	代表规格（默认胸径 cm）
第三层： 1～3m 高的小乔木、大灌木、球形植物	木槿	高度 2～3m
	苹果	高度 2～3m
	梨树	高度 2～3m
	垂叶榕柱	高度 1～3m
	乌桕	高度 1～3m
	含笑球	高度 1～2m
	红花檵木球	高度 1～2m
	海桐球	高度 1～2m
第四层： 1m 以下花卉、 小灌木	金叶女贞	高度 30～60cm
	红花檵木	高度 30～60cm
	鸭脚木	高度 30～100cm
	野牡丹	高层 30～80cm
	八角金盘	高度 30～60cm
	南天竹	高度 30～100cm
	杜鹃	高度 30～60cm
	假连翘	高度 30～60cm
	红叶石楠	高度 30～60cm
	肾蕨	高度 30～50cm
	叶子花	高度 30～80cm
	春羽	高度 30～80cm
	满天星	高厦 20～40cm
	扶桑	高度 30～100cm
	金叶葛蒲	高度 20～40cm
	斜龙头	高度 20～50cm
	黄金菊	高度 20～50cm
	鸢尾	高度 30～50cm
	鼠尾草	高度 30～50cm
	毛地黄	高度 30～50cm
第五层： 0.2m 以下草坪、地被	银边草	高度 15～20cm
	红花酢浆草	高度 15～20cm
	草坪	高度 10cm
	麦冬	高度 15～20cm
	蕙兰	高度 15～20cm

（2）植物大小姿态如图 3-12 所示。

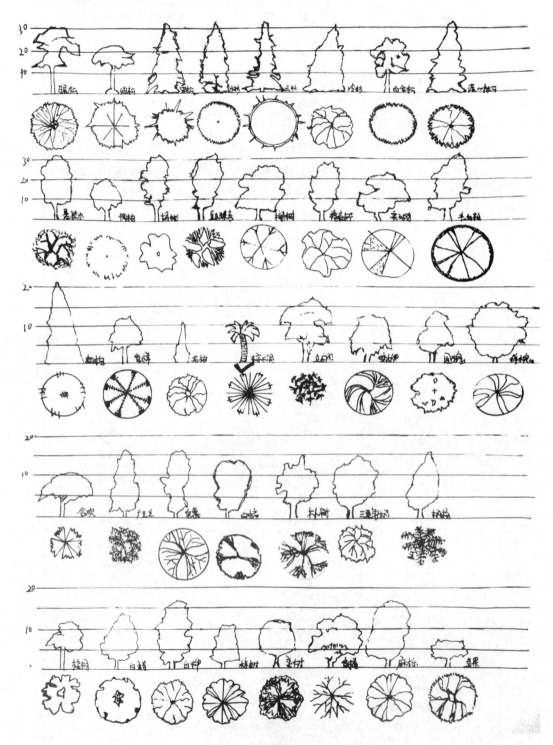

❖ 图 3-12　植物姿态（黄宇轩绘）

（3）植物组成的五种空间类型。如图 3-13 所示。

半开敞空间视线朝向敞面

处于地面和树冠下的覆盖空间

封闭垂直面，开敞顶平面的垂直空间

❖ 图 3-13　植物空间类型（林昕绘）

低矮的灌木和地被植物形成开敞空间

完全封闭空间

❖ 图 3-13（续）

3.3 结合 Sketch Up 等软件进行光照分析的项目实训

图 3-14 为校园 A、B 楼之间冬至日日照分析。选校园某建筑物之间区块进行冬至或夏至日光照分析，用以筛选喜光、耐阴和中性植物。

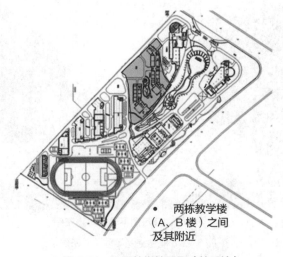

• 两栋教学楼
（A、B 楼）之间
及其附近

❖ 图 3-14 日照教学楼阴影（林昕绘）

＊图　3-14（续）

微课：植物空间设计

微课：拓展绿
化新概念（1）

微课：拓展绿
化新概念（2）

工作任务实施与评价

项目 3 活动实施

项目 3 活动评价与总结

项目 4 　树木植物景观设计

工作任务导入 ☞

项目 4 工作任务导入

知识准备

4.1　乔灌木的配置形式与应用

4.1.1　孤植

孤植树在园林中有两种：第一种是庇荫与观赏结合起来的孤植树，第二种是单纯为了构图艺术需要的孤植树。孤植树是园林种植构图中的主景，因而四周要空旷，使植物能向四周伸展。同时在孤植树的四周要安排最适宜的鉴赏视距。在风景透视原理中，最适宜的视距要在树高的 4～8 倍，所以在树高的 4 倍内不要有别的景物遮挡视线。孤植树主要表现的是树木的个体美，而树丛树群和树林所表现的是群体美。孤植树在构图上所处的位置十分突出，所以要有突出的个体美。如图 4-1 所示。

❖ 图 4-1　孤植（黄小舟摄）

孤植树个体美的因素大概有以下几个方面（图 4-2）。

（1）体型特别巨大者，如香樟、榕树、悬铃木等树木，常常高达 10～20 米，树荫覆盖面积大，主干粗至几人合抱，给人以雄伟浑厚的感觉。

（2）体型轮廓富于变化，姿态优美，树枝具有丰富的线条美，如柠檬桉、白皮松、油松、黄山松、鸡爪槭、白桦、垂柳等，给人以龙蛇起舞、顾盼生辉的艺术感受。

（3）开花繁茂、色彩艳丽者，如凤凰木、木棉、玉兰、梅花等树木开花时，给人以浓艳、绚烂缤纷的艺术感受。

（4）具有浓烈芳香者，如白兰花、桂花、栀子花等，给人以暗香浮动、沁人心脾的感受。

（5）其他如苹果树、柿子树给人以硕果累累的艺术感受。秋色叶或常色叶植物，如乌桕、枫香、银杏、紫叶李等，都给人以秋光宁静的艺术感受。

❖ 图4-2　植物的艺术感受（林昕摄）

具有个体美的树木在形体和姿态上都很适合作为孤植树。孤植树最好布置在开阔的大草坪或林中草地，布置在构图的自然中心，与草坪周围的树群或景物取得均衡与呼应。孤植树还可在开阔的湖畔或江畔，以水作为背景，游人可在树冠的庇荫下欣赏远景。辽阔的高地上或山冈上，配置一棵孤植树，一方面游客可以在树下乘凉眺望，另一方面可以使高地或者山冈的天际线丰富起来。如图4-3所示。

❖ 图4-3　植物的个体美（林昕摄）

　　单纯为构图意义上的孤植树，并不意味着只有一棵树。可以是一棵树的孤立栽植，也可以是两到三棵孤植树组成一个单元，但必须是同一树种，行间距不超过1.5m，远看效果如同一棵树。孤植树下不得配置灌木，在用2～3年生苗木种植设计时，孤植树常常设计在同一草坪上或同一园林局部中。设计双套孤植树时，一套是近期的，另一套是远期的。远期的孤植树可用3～5年成丛的树木，近期作为灌木丛或者小乔木树丛来处理。随着时间的推移，把生长势强、体型合适的保留下来，把生长势弱、体型不合适的移除。

4.1.2　对植

　　一般来说，对植形式有两种：规则式和自然式。如图4-4和图4-5所示。

❖ 图 4-4　对植规则式（黄小舟摄）

　　规则式：常在规则式种植构图中应用，一般将树种相同、形体大小相近、树种相同的乔、灌木配置于中轴线两侧。

　　规则式种植常见于公园广场入口两侧及道路两旁。对称式的种植中一般需要树冠整齐的树种，对植的位置不能妨碍出入交通和其他活动，并保证树木有足够的生长空间。乔木距建筑墙面5m以上，小乔木和灌木距建筑墙面至少2m。如图4-4所示。

　　自然式：可采用株数不同、树种相同的树种配置，也可以是树形相似而不相同的树种，或两种树丛，树种则需相同或近似。两株或两棵树还可以对植在道路旁形成夹景。

　　自然式种植常应用于园林入口、桥头、假山、登道、园中园入口两侧。如图4-5所示。

❖ 图 4-5　对植自然式（黄小舟摄）

4.1.3 丛植

树丛通常由 3~20 株同种或类似的树种紧密种植在一起，使其临线彼此密接，形成一个整体的外轮廓，体现群体效果。

丛植的功能：①以庇荫为主，一般由单一乔木树种组成；②以观赏为主，可由不同种类的乔木与灌木混交，还可与宿根花卉搭配。

丛植运用变化与统一的艺术原理达到科学性和艺术性的统一，适宜主景配景庇荫诱导等场所。

两株树丛——理解原理：树种为同种或同属中相似的两种（通相），体量、大小、姿态应有差异和对比（殊相），栽植距离小于两株树冠的半径之和。

总结艺术原理：统一是树种相同或相似，变化是大小姿态不同。差别太大，配在一起会失掉均衡；而无相同之处，观感极不协调，效果不佳。两株结合的树丛最好采用同一树种，在姿态和动势上有显著差异，这样才能使树丛生动活泼起来，丛植艺术才能达到变化统一的完美结合。

三株树丛——丰富原理：最好三株为同一树种，或外观类型相似的两种树种配合。殊相：树木的大小姿态都要有对比和差异，三株忌同在一条直线上，也忌等边三角形栽植。如图 4-6 所示。

三株同一树种，但大小、高低、树姿都不同，三株中最大的 1 号与最小的 3 号靠近为第一组，三株不在同一条直线上，不成等边三角形。

三株由两个不同树种配合。两个树种相差不大，其中 1、2 为同一树种，3 居于 1、2 之间。

❖ 图 4-6 丛植（林昕绘制）

四株树丛——强化原理：通相是指四株用同一树种或两种不同的树种，但两种必须同为乔木或同为灌木较调和，如应用两种以上的树种或大小悬殊的乔木、灌木则不宜调和。外观极相似的树木可以超过两种。原则上四株的组合不要乔、灌木合用。殊相是指树种完全相同时，在体型、姿态、大小、距离、高矮上求不同。如图4-7所示。

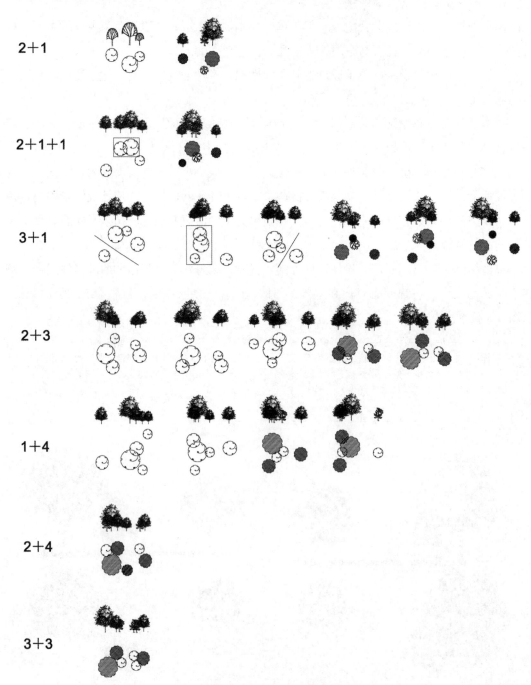

❖ 图4-7　四株树丛（李昊绘制）

　　五株树丛——运用原理：树木的要求与三株树丛相同。栽植外轮廓成不等边三角形、四边形或五边形。可分为三与二的组合或四与一的组合。组合原则：两株组，两株、三株组，三株、四株组与四株树丛的配合相同。组与组之间要有呼应之势，且距离不可过远。最大的植物在大组内，最小的不能单独成组。当五株树丛由不同树种组成时，可组合为不等边五边形，分为三株的一个单元均有两种树，最大一株在三株的单元。如图 4-8 所示。

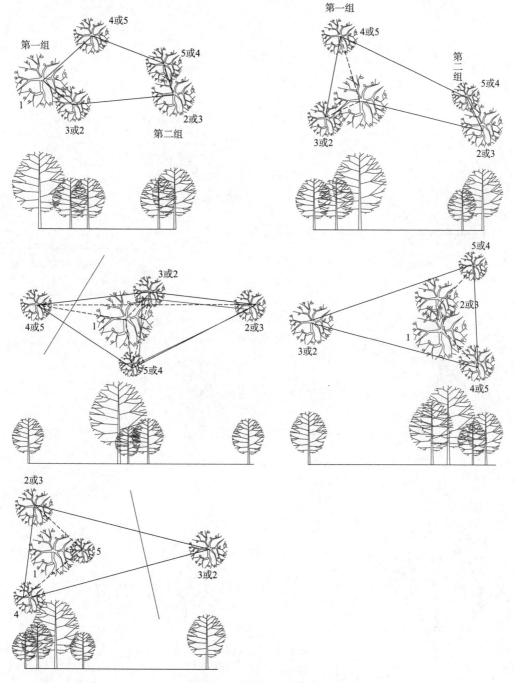

❖ 图 4-8　五株树丛（林昕绘制）

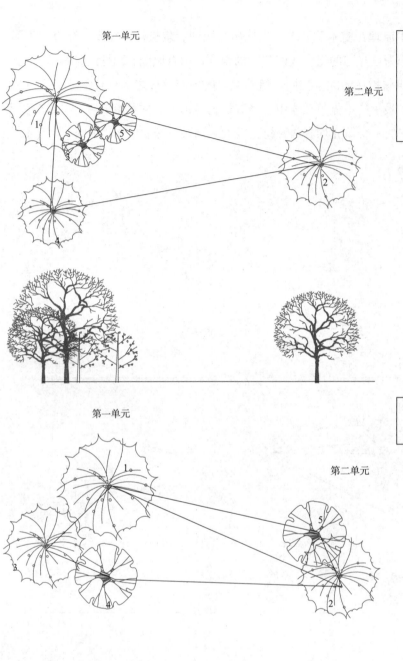

第一单元

第二单元

五株树丛由不同树种组成时，可组合为不等边五边形，分为三株一单元和两株一单元，每个单元均有两种树，最大一株在三株的单元。

第一单元

第二单元

分为四株一单元和一株一单元

❖ 图 4-8（续）

六株树丛：如图 4-9 所示。

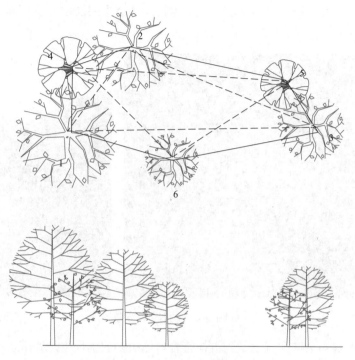

❖ 图 4-9　六株树丛（林昕绘制）

七株树丛：理想分株为 5 : 2 和 4 : 3，树种不要超过三种。

八株树丛：理想分株为 5 : 3 和 2 : 6，树种不要超过四种。

九株树丛：理想分株为 3 : 6 及 5 : 4 和 2 : 7，树种最多不要超过四种。

十五株以下的树丛，树种最好不要超过五种。如果树木外观很相近，可以多用几种。

4.1.4　群植

由几十株或数百株乔、灌木成群配植称为群植，这个群体称为树群。如图 4-10 和图 4-11 所示。

树群与树丛的区别：①组成树群的树木种类或数量较多；②树群的群体美是主要考虑的对象，对树种个体美的要求没有树丛严格，因而树种选择的范围较广。

树群布置位置：在树群主要立面的前方，其观赏视距至少为树高的 4 倍，树群宽的 1 倍。树群分类：单纯树群由一个树种组成。为丰富其景观效果，树下可用耐荫花卉如玉

❖ 图 4-10　树群（黄小舟摄）

簪、萱草、金银花等作地被植物。混交树群具有多层结构，水平与垂直郁闭度均较大。树群最多为 5 层，即乔木层、亚乔木层、大灌木层、小灌木层及多年生草本植被层，也可以分为乔木、灌木及草本 3 层。

❖ 图 4-11　树群（林昕摄）

树群乔木配置：树群配置要做到群体符合单体植物的生理生态要求。

第一层的乔木应为阳性树。乔木层安排于树群中央，常绿树安排于中央以作背景。

第二层的亚乔木应为半阴性树。乔木之下或北面的灌木、草本应为耐阴或全阴性的植物。处于树群外缘的花灌木，有呈不同宽度的自然凹凸环状配植的，但一般多呈丛状配置，自然错落。树群的天际线应富于起伏变化，从任何方向观赏，都不能呈金字塔式造型。树群平面投影的长宽比大于 4 : 1 时，称为带状树群，在园林中多用于组织空间。

树群灌木及草本植物的配置：林缘线乔木外围配以常绿小乔木或大灌木组团，作为近景观花、观叶、观果植物的背景。外边还应有常矮灌木和地被植物配置，这样就有三个层次的常绿植物，以保证冬季的观赏效果。先叶开花的植物必须有绿植背景，如常绿植物或发叶早的植物（如垂柳等）。

群植选择植物要更多地考虑群落的内外环境特点，正确处理种内与种间的关系，层内与层间的关系等。不但能形成景观，还能改善环境。

配置时应注意树群的整体轮廓以及色相和季相效果，更应注意种内与种间的生态关系，必须在较长时间内保持群落相对的稳定性。

4.1.5　行植

行植又称列植，往往成行或成带栽植，常见于道路两侧，起着美化环境、强调道路、引导视线以及恢宏气势的作用。一般使用树形优美的乔木及灌木按照一定规律排列种植，有夹景效果。如图 4-12 所示。

❖ 图 4-12　行植（黄小舟摄）

　　两棵乔木之间的种植距离一般为 3～8m，灌木之间的距离为 1～5m（见图 4-13）。两列大乔木之间的种植距离为 5～8m，中小乔木为 3～5m，大灌木为 2～3m，小灌木为 1～2m。公路两列的种植要大致对称。行植选用的树木要冠形整齐，单棵才能不突出，从而不影响大局。行道树常用树种有香樟、银杏、油松、悬铃木、垂柳、榕树、红叶石楠、小叶黄杨、木槿等。

❖ 图 4-13　灌木行植（黄小舟摄）

4.1.6　篱植

1. 功能

　　篱植的功能有组合空间、阻挡视线、阻止通行、隔声防尘、美化装饰等，体现绿篱的整体美、线条美、姿色美。篱植一般由单一树种组成，常绿、落叶或观花、观果树种均可，但必须具有耐修剪、易萌芽、更新慢和脚枝不易枯死等特性。

　　绿篱是由灌木或乔木，以相等的株行距单行或几行排列构成的密集林带。绿篱在园林中应用已久，早在 17 世纪，欧洲规整式的园林中就出现了用常绿植物精心修剪而成的绿篱。随着时间的推移，各种自然或半自然的绿篱广泛出现于园林中。目前在我国各地的园林中，几乎随处都可看到各色绿篱。许多国家还出现了以高大乔木为材料的树篱。如图 4-14 所示。

❖ 图 4-14　篱植（黄小舟摄）

　　（1）防护功能：防护是绿篱最基本的功能，也是其最初的功能。它可以作为一般机关、单位、公共园林及家庭小院的四周边界，起到一定的防护作用。用绿篱做成的围墙，不仅造价低廉，更重要的是使庭院富有生机和防护功能，利于美化整个城市景观。

　　（2）分隔组织空间：在园林中，一般常用绿篱分隔不同功能的园林空间，如综合性公园中的儿童游乐区、安静休息区、体育运动区之间多用绿篱分隔。另外，绿篱在组织游览路线上也起着很大的作用，多见于道路两旁，有时也有用乔木组成墙遮挡游人视线，把游人引向视野开阔的空间。

　　（3）遮掩建筑物：绿篱可以用来遮掩园林中不雅观的建筑物或园墙、挡土墙等。一般多用较高的绿墙，并在绿墙下点缀花境、花坛，构成美丽的园林景观。园林中的挡土墙前种植常绿植物，可使挡土墙上面的植物与绿篱连为一体，避免硬质的墙面影响园林景观。如图 4-15 所示。

　　2. 类型

　　绿篱根据整形修剪的程度不同，分为规整式绿篱和自然式绿篱。规整式绿篱是指经过长期不断的修剪，而形成的具有一定规则几何形体的绿篱；自然式绿篱是仅对绿篱的顶部适量修剪，下部枝叶则保持自然生长。绿篱根据高度的不同，可分为矮篱、中篱、高篱、绿墙四种。矮篱的高度在 50cm 以下；中篱高度在 50～120cm；高篱高度在 120～160cm；绿墙是一类特殊形式的绿篱，一般由乔木经修剪而成，高度在 160cm 以上。根据在园林

❖ 图 4-15　篱植阻挡视线（黄小舟摄）

景观营造中的要求不同，绿篱可分为常绿篱、落叶篱、彩叶篱、刺篱、编篱、观花篱、观果篱 7 种类型。

常绿篱由常绿针叶或常绿阔叶植物组成，一般都修剪成规整式，是园林中应用最广的一种绿篱，在北方主要利用其常绿的枝叶，丰富冬季植物景观。常绿篱的植物选择要求：枝叶繁密，生长速度较慢，有一定的耐荫性，不会产生枝叶下部干枯现象。常用树种有：圆柏、球桧、侧柏、杜松、罗汉松、矮紫杉、大叶黄杨、雀舌黄杨、黄杨、小叶黄杨、锦熟黄杨、女贞、小蜡、海桐、冬青树、小叶女贞、水蜡、蚊母树、茶树等。

彩叶篱以彩色的叶子为主要特点，能显著改善园林景观，在少花的冬秋季节尤为突出，因此在园林中应用越来越多。叶黄色或具有黄、白色斑纹的植物有：金叶桧、金叶侧柏、黄金球柏、金叶花柏、金心女贞、金叶女贞、金边女贞、金边大叶黄杨、金斑大叶黄杨、金心大叶黄杨、金斑冬树、金脉金银花、金叶小檗等。

有些植物具有叶刺、枝刺或叶本身刺状，这些刺不仅具有较好的防护效果，而且本身也可作为观赏材料，通常把它们修剪成绿篱，即刺篱。常见的植物有：枸骨、欧洲冬青、十大功劳、阔叶十大功劳、小檗、刺柏等。

园林中常把一些枝条柔软的植物编织在一起，形成紧密一致的感觉，这种形式的绿篱称为编篱。编篱可选用的植物有：紫薇、杞柳、木槿、紫穗槐、雪柳、连翘、金钟等。

观花篱主要选花大、花期一致、花色美丽的种类，常见的植物有：蔷薇属、迎春、六月雪、映山红、贴梗海棠、榆叶梅、棣棠、珍珠梅、绣线菊属等。

一些植物具有美丽的果实，用作观果篱别具一番风韵。常见的植物有：紫叶小檗、火棘属、多花栒子、平枝栒子、郁李、罗汉松、石楠等。如图 4-16 所示。

❖ 图 4-16　观果篱（林昕摄）

3. 绿篱的营造

在园林中应用绿篱时，需要考虑绿篱与周围环境之间的合理搭配，以及绿篱在整个景观中所起的作用。从配置的技法上讲，一般有以下几种。

（1）作为装饰性图案，直接构成园林景观。园林中经常用规整式的绿篱构成一定的花纹图案，或是用几种色彩不同的绿篱组成一定的色带，突出整体美。如欧洲规整式花园中，常将针叶植物修剪成整洁的图案，鸟瞰效果如模纹花坛，让人从远处领略园艺师的精湛技艺。国内用绿篱作为主材造景的例子也不少，多用彩叶篱构成色彩鲜明的大色块或大色带。

（2）作为背景植物衬托主景。园林中多用常绿篱作为某些花坛、花境、雕塑、喷泉及其他园林小品的背景，以烘托一种特定的气氛。如在一些纪念性的雕塑旁常配植整齐的绿篱，给人庄严肃穆之感，在一棵古树旁植一排半圆形的绿篱，利于遮挡游人视野，使古树更加突出。

（3）作为构成夹景的理想材料。园林中常在一条较长的直线尽端布置景色较别致的景物，以构成夹景。绿墙以其高大、整齐的特点，最适宜用于布置两侧，以引导游人向远端眺望，欣赏远处的景色。

（4）用绿墙构成透景效果。透景是园林中常用的一种造景方式，它多用于高大的乔木构成的密林中，特意开辟出一条透景线，以使对景能相互透视。园林中也可用绿墙下面的空间组成透景线，从而构成半通透的景观，既能克服绿墙下部枝叶空荡的缺点，又给人以"犹抱琵琶半遮面"的效果。

（5）突出水池或建筑物的外轮廓线。园林中有些水池或建筑群具有丰富的外轮廓线，可用绿篱沿线配植，强调线条的美感。

4.绿篱的修剪

绿篱需依植物的生长发育习性进行修剪。

（1）先开花后发叶的种类，可在春季开花后修剪，老枝、病枯枝可适当疏剪。用重剪促使枝条更新，用轻剪维持树形。

（2）花开于当年新梢的植物，可在冬季或早春修剪。如山梅花可进行重剪使新梢强健，月季等花期较长的，除早春重剪老枝外，还应在花期后修剪新梢，使其利于多次开花。

（3）萌芽力极强或冬季易干梢的种类，可在冬季重剪，春季加大肥水管理，促使新梢早发。如图 4-17 所示。

❖ 图 4-17 被修剪的绿篱（林昕摄）

4.2 树木丛植配置的项目实训

对下列组团植物，按照树形、树高，配置具体植物。如图 4-18 和图 4-19 所示。

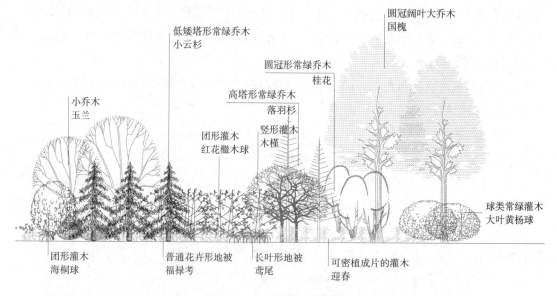

❖ 图 4-18 植物组团一（林昕绘制）

1. 高塔形常绿乔木 云杉
2. 低矮塔形常绿乔木 日本五针松
3. 球类常绿灌木 红叶石楠球
4. 修剪色带 大叶黄杨
5. 小乔木 紫叶李
6. 团形灌木 碧桃

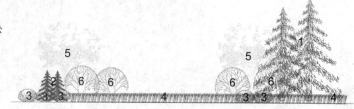

1. 圆冠阔叶大乔木 悬铃木
2. 低矮塔形常绿乔木 小云杉
3. 圆冠形常绿乔木 桂花
4. 球类常绿灌木 大叶黄杨球
5. 小乔木 玉兰
6. 竖形灌木 夹竹梅
7. 团形灌木 榆叶梅
8. 可密植成片的灌木 水栀子
9. 普通花卉形地被 景天
10. 长叶形地被 萱草

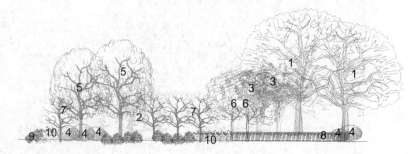

❖ 图 4-19 植物组团二（李昊绘制）

4.3　剖面图辅助植物景观设计实训

庭院种植设计如图 4-20 所示。

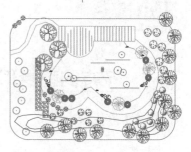

序号	图标	名称	规格	数量	单位	备注
\multicolumn{7}{c}{植物配置表}
1		广玉兰	φ15	14	株	
2		蜡梅	H200, P150~180	9	株	
3		垂柳	φ15	4	株	
4		碧桃	D8	6	株	
5		樱花	D8	19	株	
6		香樟	φ15	11	株	
			φ40	4	株	
7		日本矮紫薇	φ10	15	株	
8		含笑	φ8	9	丛	
9		红花檵木球	H10, P120	43	株	
10		睡莲	H35, P35	30	m²	

❖ 图 4-20　庭院种植设计图（林昕绘制）

微课：种植形式　　微课：剖面图画法

工作任务实施与评价

项目 4 活动实施　　项目 4 活动评价与总结

项目 5　草本植物景观设计

工作任务导入

项目 5 工作任务导入

知识准备

5.1　花卉的配置形式与应用

5.1.1　花坛

1. 概念

花坛是一种比较特殊的园林绿地，具有一定的几何图形的栽植床，床内布置各种色彩艳丽或纹样优美的花卉，构成一幅具有群体美的图案画。

2. 分类

1）模纹花坛

（1）特点：应用低矮、枝叶紧密的观叶植物或花叶兼美的花卉，组成平面纹样图案，表现出细致鲜艳的花纹和富有韵律感的图案美。

（2）常见花卉：五色草、大花三色堇、彩叶草、香雪球、半枝莲等。

（3）应用：可做主景，布置在广场、街道建筑前、会场公园、住宅小区入口等位置。

2）花丛花坛

（1）特点：应用花期相近的几种花卉配植在同一花坛里，显示出整体的绚丽色彩与优美外观，构成群体美的观赏效果。

（2）不要求种类多，而是注重图样简洁、轮廓鲜明。

（3）常见花卉：金盏菊、紫罗兰、金鱼草、福禄考、石竹、百日草、一串红、万寿菊、孔雀草、美女樱、鸡冠花、翠菊、藿香蓟等一二年生草花或宿根花卉。

（4）应用：可做主景，布置在广场中心、建筑物前、公园入口、公共绿地等位置。带状花丛花坛通常做配景，布置在主景花坛周围、通道两侧建筑墙基岸边、草坪等位置，有时也独立构图。如图 5-1 所示。

❖ 图 5-1 花丛花坛

3）立体花坛（标题式花坛）

（1）特点：通过构成的艺术形式表达一定的主题思想。以钢筋为骨架，电焊连接构成各种立体图案，其上用模纹花坛的布置方法配植花草，使形象栩栩如生，效果楚楚动人。

（2）常见形式：大型花篮、花瓶、孔雀开屏、双龙戏珠等。

（3）应用：一般作花坛的中心，造景花坛主要景观或独立应用。通常布置成花篮、花瓶、建筑、动物等造型。常在园林中临时造景。如展现建设成就等，突出节日气氛。如图 5-2 所示。

❖ 图 5-2 立体花坛（黄小舟摄）

5.1.2 花境

1. 概念

花境是将不同形态、不同色彩、不同质地的花卉自然地配植于外观规则的带状绿地的园林形式。

（1）单面（宽 2～4m）：植物配置由低到高，形成一个面向道路的斜面。如图 5-3 所示。

❖ 图 5-3　单面花境（黄小舟摄）

（2）双面（宽 4～6m）：中间植物最高，两边逐渐降低，中央最高处不要超过人的视线，其立面应该有高低起伏错落的轮廓变化，并且最少在一边用常绿矮生植物镶边。如图 5-4 所示。

❖ 图 5-4　双面花境（黄小舟摄）

2. 配置形式

（1）构图必须严整，注意同一季节中各种花卉的色彩、姿态、体型及数量的调和对比。

（2）以花期长、色彩鲜艳、栽培管理粗放的宿根花卉为主，适当配置一二年生草花或球根花卉；或全部用球根花卉配置；或仅用同一种花卉的不同品种、不同色彩的花卉配置。

（3）花开成丛，显现季节的变化或某种突出的色调，使一年四季都有花开。

3. 常用花卉

（1）春季常用花卉有：金盏菊、飞燕草、桂竹香、紫罗兰、山楼斗菜、荷包牡丹、风信子、花毛茛、郁金香、蔓锦葵、石竹类、马兰、鸢尾类、大花亚麻、皱叶剪夏萝、芍药等。如图 5-5 所示。

（2）夏季常用花卉有：蜀葵、美人蕉、大丽花、天人菊、唐菖蒲、向日葵、萱草类、矢车菊、玉簪、鸢尾、百合、卷丹、宿根福禄考、桔梗、晚香玉、葱兰等。如图 5-6 所示。

❖ 图5-5　郁金香（图片来源于网络）　　　　❖ 图5-6　向日葵（郑夏平摄）

（3）秋季常用花卉有：荷花菊、凤仙、乌头、白日草、翠菊、万寿菊、雁来红、醉蝶花、麦秆菊、硫华菊、鸡冠花、紫茉莉等。如图 5-7 所示。

❖ 图5-7　鸡冠花（黄小舟摄）

5.1.3　花丛、花群

1. 概念

花丛和花群是指自然地布置于开阔草坪周围的花卉群体。

2. 应用

花丛和花群能够丰富草地景观，为园林中典型的自然式配植形式，常用在开阔草坪周围、曲路转折处，或点缀于小型院落以及铺装场地。如图 5-8 所示。

❖ 图 5-8　花丛（郑夏平摄）

3. 花卉选择

花卉高矮不限，以茎干挺拔、不易倒伏、花朵繁密整齐者为佳。一二年生花卉或宿根、球根花卉。如图 5-9 所示。

❖ 图 5-9　花丛（黄小舟摄）

5.1.4　花台

1. 概念

花台是一种明显高出地面的小型花坛。花台四周用砖、石，混凝土等堆砌做台座，其内填入土壤，栽植花卉，一般面积较小，常置于广场、庭院的中央，或建筑物的正面、两侧。如图 5-10 和图 5-11 所示。

❖ 图 5-10　花台（宋扬摄）

❖ 图 5-11　花台（黄小舟摄）　　　　　❖ 图 5-12　花台（黄小舟摄）

2. 配置形式

（1）整齐式布置：多选用一种草本或木本花卉，如矮牵牛、美女樱、月季、迎春等。如图 5-12 所示。

（2）盆景式布置：常以松、竹、梅、杜鹃花、牡丹等为主要材料，再配饰山石、小草等。如图 5-13 所示。

❖ 图 5-13　花台（郑夏平摄）

5.1.5 篱垣、棚架

1. 概念

篱垣和棚架指利用蔓性花卉做篱棚、门楣、窗格、栏杆及小型棚架的掩蔽与点缀，迅速将其绿化、美化，表现出良好的景观效果。如图 5-14 和图 5-15 所示。

❖ 图 5-14　篱垣（郑夏平摄）　　　　　　❖ 图 5-15　棚架（黄小舟摄）

2. 应用

篱垣和棚架一般用钢管、木材做骨架，制成大型动物形象（长颈鹿、大象、金鱼）。

3. 花卉选择

木本花卉：紫藤、凌霄、络石、蔷薇、猕猴桃、木香、葡萄、地锦等。

草本花卉：牵牛、茑萝、香豌豆、风船葛、小葫芦等。

5.2　花境配置的项目实训

1. 花卉植物配置方法

用木本植物构筑骨架；用草本植物刻画细部。

2. 花卉配置的一般原则和基本要求

（1）花坛面积小于广场面积的 1/5。根据人视距的变化示意平面花坛：长短轴之比一般小于 3：1；斜面花坛倾斜角度小于 30°。

（2）花坛的外形一般为规则几何形，如圆形、半圆形、三角形、正方形、长方形、椭圆形、五角形、六角形等；内部图案主次分明、简洁美观，忌复杂图案。

（3）植床厚度。花坛植床土壤或基质厚度因地、因景而异。花坛布置于硬质地面时，种植床基质宜深些；直接设计于土地的花坛，植床栽培基质可浅些。多选用一年生草花，种植层厚度不低于 25cm，多年生花卉和灌木则不低于 40cm。如图 5-16 所示。

❖ 图 5-16　花卉配置（黄小舟摄）

微课：花卉

工作任务实施与评价 ☞

项目 5 活动实施　　　　项目 5 活动评价与总结

项目 6 地被植物景观设计

项目 6 工作任务导入

工作任务导入

知识准备

6.1 草坪与地被的配置形式与应用

草坪与地被如图 6-1 所示。

❖ 图 6-1 草坪与地被

6.1.1 草坪的类型

草坪按用途分为以下几种。

（1）观赏草坪（装饰性草坪）：平整、低矮、色彩亮度一致，茎叶细柔密集，管理精细，严控杂草。

（2）休息草坪：多选用耐践踏、萌生力强、返青早、枯黄晚的植物。

（3）运动草坪：多选用耐践踏、耐修剪、生长势强的植物。如结缕草、狗牙根等。如图 6-2 和图 6-3 所示。

（4）护坡固堤草坪：多选用根茎发达、草层紧密、固土力强、耐旱、耐寒的植物。

❖ 图 6-2 结缕草

❖ 图 6-3 狗牙根

（5）疏林草地管理粗放，造价较低，多选用混合草种。如图 6-4～图 6-6 所示。

❖ 图 6-4 地毯草

❖ 图 6-5 假俭草

❖ 图 6-6 草坪（林昕摄）

草坪按草种组合方式分为单一草坪、混合草坪、缀花草坪（一般不超过草坪总面积的 1/4）。如图 6-7 所示。

❖ 图 6-7　草坪（林昕摄）

草坪按适宜气候分为暖季型草坪（26～32℃）和冷季型草坪（15～24℃）。如图 6-8 所示。

❖ 图 6-8　暖季型草坪和冷季型草坪

6.1.2　草坪植物的选择

一般来说，草坪草常以混播的形式出现，有以下结构：建群种（占 50%）、伴生种（占 30%）、保护种（占 20%）。如图 6-9 所示。

❖ 图 6-9　混播形式（郭林灵摄）

6.1.3 地被植物的定义

地被植物是指低矮、覆盖地面的植物群体。地被植物以多年生草本植物为主，也有一些匍匐的木本植物或藤本植物。如图6-10和图6-11所示。

❖ 图6-10 地被植物1（林昕摄）

❖ 图6-11 地被植物2（林昕摄）

6.1.4 地被植物的分类

地被植物依照物种类分为①草本类，如紫茉莉、香雪球等；②灌木类，如石岩杜鹃、棣棠花等；③藤本类，如爬山虎、茑萝等；④蕨类，如凤尾蕨、肾蕨等；⑤苔藓类，如万年藓、大叶藓等；⑥竹类，如箬竹、倭竹等。如图6-12所示。

❖ 图6-12 常春藤和南天竹

地被植物依观赏特点分为①观叶类，如十大功劳、紫叶小檗等；②观花类，如福禄考、鸢尾等；③观果类，如火棘、蛇莓等；④常绿类，如麦冬、匍地龙柏等。如图6-13所示。

❖ 图 6-13 十大功劳和枇杷

地被植物依生长环境分为①阳性类，如鸢尾、常夏石竹等；②阴性类，如虎耳草、蕨类等；③半阴性类，如福禄考、棣棠等；④湿生类，如水菖蒲、泽泻等；⑤耐盐碱类，如马蔺、紫花菖蒲等。如图 6-14 所示。

❖ 图 6-14 鸢尾和菖蒲

6.1.5 地被植物的设计原则

地被植物设计原则如下（见图 6-15 和图 6-16）。

（1）在整体上要符合统一协调的原则。在一定的区域内，应有统一的基调，避免应用太多的品种。

（2）利用不同深浅的绿取得同色系的协调，还要注意花色协调，切忌杂乱。

（3）小面积的场所应尽量使用质地细腻、色彩较浅的植物，给人以面积扩大感；而大片栽种或被用作界定空间、引导路径时，可选质地粗糙者；欲形成强烈对比时，则应粗细搭配。

（4）地被的高矮与附近建筑的比例关系要相称，矮型建筑前宜用低矮的地被；用于休憩、活动功能时应用低矮地被；用于防止游客跨越的，则应选用高地被。

（5）要从观赏效果、覆盖效果等多方面考虑。

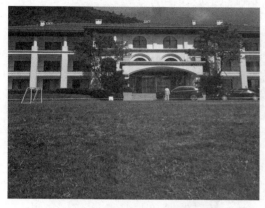

❖ 图 6-15 地被植物 1（林昕摄）

❖ 图 6-16 地被植物 2

6.1.6 地被植物的应用

地被植物的应用原则如下（见图 6-17 和图 6-18）。

（1）地被植物在城市道路中的应用如下。

① 绿化带地被植物选择耐灰尘的种类，同时要求花期较长，色彩鲜艳，如石竹类、三叶草、麦冬、小檗、杜鹃类、葱兰、金丝桃、半支莲、八仙花等；

② 高架立交桥选择耐荫地被植物，如八角金盘、络石、蛇莓、玉簪、蕨类等。

（2）地被植物在住宅区中的应用：配置观花地被，着重选择花形美观、花气芳香的种类；配置观叶地被，可选择常绿或叶色有变化的种类。

（3）地被植物在广场中的应用：地被植物中的草本花卉可用来布置广场中的花坛，通过不同花色的配置，形成一些图案和文字，或做成花柱、花球等，达到立体绿化的效果。

（4）地被植物在公园中的应用：视荫蔽程度种在路边。

❖ 图 6-17 地被植物的应用 1

❖ 图 6-18 地被植物的应用 2

6.2 地被草坪配置的项目实训

选其中一个 28m×10m 地块，如图 6-19 所示，总结放样手法。

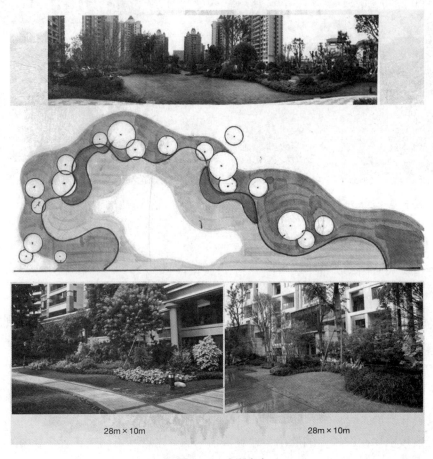

❖ 图 6-19 实训内容

微课：草坪地被

工作任务实施与评价

项目 6 活动实施

项目 6 活动评价与总结

项目 7 水生、藤本植物景观设计

工作任务导入

项目 7 工作任务导入

知识准备

7.1 水生植物的应用形式

7.1.1 水生植物的定义

水生植物是指生长在水体环境中的植物，从广泛的生态角度看，还包括相当数量的沼生和湿生植物。如图 7-1 所示。

❖ 图 7-1 水生植物（宋扬摄）

7.1.2 水生植物的分类

园林中水生植物按其生活习性、生态环境，一般分为浮叶植物、浮水植物、挺水植物、沉水植物及海生植物五大类。

1. 浮叶植物

浮叶植物的根生长于泥土中，茎细弱不能直立，仅叶片漂浮于水面上，又称根生浮叶植物。常见的浮叶植物主要以睡莲科、菱科和龙胆科植物为主，且多为人工栽培植物，如王莲、睡莲等。如图7-2所示。

❖ 图 7-2　浮叶植物（宋扬摄）

2. 浮水植物

浮水植物通常不扎根于泥中，茎叶浮于水面，植株可以随风浪自由漂浮，又称漂浮植物。浮水植物种类较少，有凤眼莲、大藻、槐叶萍、镜面草等。如图7-3所示。

❖ 图 7-3　浮水植物（宋扬摄）

3. 挺水植物

挺水植物的茎直立挺拔，仅下部或基部沉于水中，根扎入泥中生长，上面大部分植株挺出水面；有些种类具有肥厚的根状茎，或在根系中产生发达的通气组织。挺水植物多布置于水景园的岸边浅水、湿地，对水环境的适应能力较其他生活型的水生植物要强，如再力花、芦苇、荷花、黄菖蒲、千屈菜等。如图 7-4 所示。

❖ 图 7-4 挺水植物（宋扬摄）

4. 沉水植物

目前园林水景中常见的沉水植物种类主要集中于水鳖科、金鱼藻科和眼子菜科等，如海菜花、黑藻、金鱼藻、眼子菜、菹草、狐尾藻等。如图 7-5 所示。

❖ 图 7-5 沉水植物

5. 海生植物

海生植物一般生长于海水中，并能扩展分布到海滩沙砾、岩石和烂泥沼上，种类有水椰、秋茄树、红树等。红树林是热带海岸的一种特殊类型，不仅有多种植物资源，同时也为鱼、虾、蟹类等生物提供繁衍场所，为湿地鸟类提供栖息地，并对防风护堤、稳定沉积、扩大滩涂有重要的生态效益，又被称为"海岸卫士"。如图 7-6 所示。

❖ 图 7-6　海生植物

7.1.3　水生植物的园林应用

1. 小面积水域的水生植物配置

小面积水域主要考虑近观，配置手法细腻，更注重植物单体的效果，对植物的姿态、色彩、高度的要求高，适合细细品味。如图 7-7 和图 7-8 所示。同时应注重水面的镜面作用，故水生植物不宜过于拥挤，如黄菖蒲、水葱等挺水植物小片丛植于池岸，宁静而不张扬，植物高矮应与周围环境相协调，倒影入水，自然野趣，疏落有致。水面可适当点植睡莲，丰富景观效果。如图 7-9 所示。

❖ 图 7-7　某小区水生植物种植（宋扬摄）

❖ 图 7-8　某公园水生植物种植（黄小舟摄）

❖ 图7-9 某公园水生植物种植（黄小舟摄）

2.宽阔水域的水生植物配置

大水体有助于空气流通，即使是一池碧水映着蓝天，也可使人的视线无限延伸，在感观上扩大了空间。宽阔水景的配置模式以营造水生植物群落景观为主，主要考虑远观，植物配置注重整体大而连续的效果，水生植物应用主要以量取胜，恢宏大气，主要采取单一群落或多种水生植物群落组合式。大面积的浮水植物可作为开阔水面的主景，如睡莲群落、荷花群落等，创造出宁静幽远的景观效果，给人壮观的视觉感受。如图 7-10 和图 7-11 所示。

❖ 图7-10 荷花（黄小舟摄）

❖ 图 7-11　宽阔水域（黄小舟摄）

3. 带状水面的水生植物配置

带状水面一般为自然河流或人造溪流，其水生植物景观要求所用植物材料高低错落，疏密有致，体现节奏与韵律，忌所有植物处于同一水平线上。应结合水面大小宽窄、水流缓急、空间开合，有大有小、有高有低、有前有后地把不同姿态、形韵、线条、色彩的水生植物种类搭配组合，使之与周围环境相协调，力求模拟、浓缩、创造自然水景之美，构成形式稳定和富于季相变化的美景。自然河流水位变化较大，风也较猛，应考虑根系比较深、植株比较高大的水生植物，如芦竹等。

4. 跌水景观的水生植物配置

以跌水制造流动的水景是园林中常见的造景手法。由于地势存在较大的高差，为使水面衔接自然，跌水处应结合汀步设置。植物配置是跌水景观成功与否的重要因素之一，常见的结合步石配置的植物是石菖蒲或苔草。跌水口上的植物配置很重要，既要考虑植物本身的习性，是否能承受流速较快的水流，又要考虑水口的景观和生态效果。如图 7-12 所示。

❖ 图 7-12　跌水景观（宋扬摄）

5. 喷泉景观的水生植物配置

小型喷泉一般采取盆栽水生植物的形式来配合喷泉，既能使硬质景观和软质景观相互呼应，又增添了植物材料，丰富了水体景观。大型喷泉多设置在空间开阔处，除了旱喷形式，喷泉一般建立在大型人工水面中，为了开阔视野，水体边缘不宜种植高大的水生植物，可断续丛植石菖蒲等植株较低矮的水生植物，以减少驳岸线条的生硬和单调。如图 7-13 所示。

❖ 图 7-13　喷泉景观（宋扬摄）

7.1.4　水生植物的其他应用

1. 水族箱

水生植物应用于水族箱，既可增加野趣，又能提高水族箱的观赏性，适合在水族箱中生长的为沉水类型植物，如金鱼藻、虾藻、苦草等。如图 7-14 所示。

❖ 图 7-14　水族箱

2. 盆花和切花

一般来说，多数水生植物在园林水景中用作布景，只有荷花、睡莲、埃及莎草、泽泻、千屈菜、风车草等可作为盆栽植物材料。海芋，又名滴水观音，作为盆栽植物深受人们的喜爱；还有碗莲，置于阳台或窗前或案头，荷叶娇秀淡雅，清香四溢醉人，令人心旷神怡。如图 7-15 所示。

3. 水面绿化新技术——生态浮岛

生态浮岛作为一种新型的美化水面的方式，已经越来越普及。它是一种针对富营养化的水质，利用生态工学原理，降解水中的氨、磷的含量的人工浮岛。它的主要机能为：水质净化、创造生物（鸟类、鱼类）的生息空间、通过消波效果对岸边构成保护作用和改善水域景观，充分利用空间，增加城市的园林绿化面积。如图 7-16 所示。

❖ 图 7-15　盆花（郑夏平摄）

❖ 图 7-16　生态浮岛（宋扬摄）

7.2　藤本植物的应用形式

7.2.1　藤本植物的定义

藤本植物，又名攀绿植物，是指茎部细长，不能直立，只能依附在其他物体（如树、墙、棚架等）或匍匐于地面上生长的一类植物，如葡萄、凌霄、紫藤等。

7.2.2　藤本植物的分类

1. 自行攀缘植物

自行攀缘植物绝大部分属于根攀缘植物，一类根攀缘植物的藤条下都生有小的吸盘，凭借吸盘黏附在墙面或其他支撑物表面上，不需要附属支撑物。另一类自行攀缘植物主要靠枝蔓末梢分泌黏状物质紧紧地攀附在支撑物上。如图 7-17 所示。

❖ 图 7-17　自行攀缘植物（郑夏平摄）

2. 爬蔓植物

爬蔓植物本身长有线状蔓延器官，植物依靠这种器官可以稳固地蔓绕在绳索、细杆和栅栏上，但它不能在光滑的构筑物上攀缘。此类植物有葡萄等，可用于棚架攀缘，对棚架起到加固作用，从而增加抗风能力。如图 7-18 所示。

❖ 图 7-18　爬蔓植物

3. 缠绕植物

缠绕植物在其支撑物上盘旋生长，不依靠爬蔓和吸盘攀附在支撑物上。支撑物要求粗大，即使没有支撑物，枝蔓相互缠绕得也十分紧密、牢固。有些缠绕植物缠绕树干，甚至能把树木缠死。缠绕植物有中华猕猴桃、紫藤等。如图 7-19 所示。

❖ 图 7-19　缠绕植物

4. 枝杈攀缘植物

枝杈攀缘植物在枝杈上生有刺或钩，借助这种器官，植物的枝杈可以攀缘在其附属物上。植物在幼苗或刚栽植时需要牵引。枝杈攀缘植物的代表有攀缘蔷薇等。如图 7-20 所示。

❖ 图 7-20　枝杈攀缘植物

5.吊挂攀缘植物

建筑立面种植器内和室内绿化点缀常用吊挂植物，如吊兰，配以精致的容器，别具风味。如图 7-21 所示。

❖ 图 7-21　吊挂攀缘植物（郑夏平摄）

7.2.3　藤本植物的应用原则

藤本植物如图 7-22 所示。

（1）藤本植物种类繁多，在选择应用时应充分利用当地乡土树种，适地适树。

（2）藤本植物应用时应满足功能要求、生态要求、景观要求，根据不同绿化形式正确选用植物材料。

（3）藤本植物应用时应注意与建筑物色彩、风格相协调，如红砖墙不宜选用秋叶变红的攀缘植物，而灰色、白色墙面，则可选用秋叶红艳的攀缘植物。

（4）为了丰富景观层次，应注意品种间的合理搭配，如常绿与落叶、观花与观叶、草本与木本的结合，如爬山虎+常春藤、木香+蔓性月季、茑萝+常春藤等。如图 7-23 所示。

❖ 图 7-22　藤本植物（郑夏平摄）

❖ 图 7-23　藤本植物

7.2.4　藤本植物的应用

藤本植物攀附在建筑、篱垣、栅栏、山石、陡峭石岩上，可营造出优美多姿的绿色雕塑，栽植在平地上或坡地上，可形成"绿草如茵"的效果。

1. 垂直绿化

垂直绿化是指利用攀缘植物来装饰建筑物的一种绿化形式，如图 7-24 所示，可分为以下几种。

❖ 图 7-24　垂直绿化

（1）绿化、美化城市中的各种建筑物。攀缘植物借助城市建筑物的高低层次，利用其向上攀缘或向下垂挂特性，构成多层次、多变化的绿化景观。

（2）利用攀缘植物遮阴纳凉。公共绿地或专用庭院，如果用观花、观果、观叶的攀缘植物来装饰花架、花亭、垂花门、花廊等，既丰富了园景，又构成了夏季遮阴纳凉的场所，是老年人对弈谈心、儿童嬉戏的好地方。

（3）利用攀缘植物遮掩某些建筑设施。城市的公共厕所、简易车库、候车亭、电话亭、售货亭等，可用攀缘植物进行遮盖，美化环境。防空洞的进出口、军事掩体也可用攀缘植物伪装隐蔽。

2. 墙面绿化

广泛运用墙面绿化，对于人口和建筑密度较高的城市，是提高绿化覆盖率、创造良好的生态环境的一条途径。利用攀缘植物装饰墙面，不仅能起到防止风雨侵蚀和烈日暴晒的作用，还能创造凉爽舒适的环境。适于做墙面绿化的攀缘植物品种很多，如常春藤、薜荔终年翠绿，五叶地锦、扶芳藤入秋叶色橙红，凌霄金钟朵朵，络石飘洒自然，能起到点缀或配置园景的作用。如图 7-25 所示。

❖ 图 7-25　墙面绿化（郑夏平摄）

3. 阳台绿化

攀缘植物具有占地小、生长快、爬得高等特点，是阳台绿化的主要材料。攀缘植物既要符合总体艺术构图的原则，又要根据阳台的立地环境，选择能适应这些条件生长的植物，一般应选择中小型的木本或草本攀缘植物。如图 7-26 所示。

❖ 图 7-26　阳台绿化

4. 篱笆与围墙、栏杆绿化

　　围墙种植攀缘植物后，不仅可以降低外部噪音，而且其庭院内将会显得生机勃勃，绿意盎然，带刺的攀缘植物可以发挥篱墙的防护作用。常用的植物有藤本月季、藤本蔷薇、云实、木香、金银花、葛萝、牵牛、豆类、瓜类等。如图 7-27 所示。

❖ 图 7-27　围墙绿化（郑夏平摄）

5. 护坡绿化及其他

攀缘植物是护坡绿化的好材料，起到良好的水土保持和美化作用。如图 7-28 所示。

❖ 图 7-28 护坡绿化（宋扬摄）

常春藤、络石等攀缘植物在公园或风景区的河堤旁栽植十分美观；公园绿地中人工堆砌的岩石假山，常用藤本植物加以点缀，能获得仿照自然而胜于自然的效果。如图 7-29 所示。国外也有把攀缘植物用于庭院灯柱的绿化装饰。

❖ 图 7-29 攀缘植物

藤本植物是一类能形成特殊景观的造景材料。它不仅有提高城市及绿地绿化面积和植物总量，调节与改善生态环境，保护建筑墙面、固土护坡等功能，而且藤本植物用于垂直绿化极易形成独特的立体景观及雕塑景观，可供观赏，还可起到分隔空间的作用。其对于丰富和软化建筑物呆板生硬的立面，效果颇佳。把藤本植物依附在各种攀附物或地面上的应用形式称为攀缘式配置。这是现代城市绿化美化很有发展前途的应用形式，值得提倡和推崇。

7.3 水生植物配置的项目实训

绘制滨水植物配置图。如图 7-30 所示。

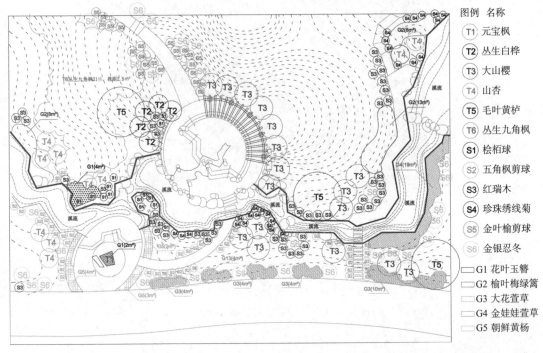

图例　名称

- T1 元宝枫
- T2 丛生白桦
- T3 大山樱
- T4 山杏
- T5 毛叶黄栌
- T6 丛生九角枫
- S1 桧柏球
- S2 五角枫剪球
- S3 红瑞木
- S4 珍珠绣线菊
- S5 金叶榆剪球
- S6 金银忍冬
- G1 花叶玉簪
- G2 榆叶梅绿篱
- G3 大花萱草
- G4 金娃娃萱草
- G5 朝鲜黄杨

比例 1:200　注：d 为胸径，w 为冠幅，h 为树高，n 为灌木枝条。无特殊说明，n 均大于 30，丰满为好

❖ 图 7-30　滨水植物配置图（姚思怡描图）

微课：水生藤本

工作任务实施与评价

项目 7 活动实施

项目 7 活动评价与总结

项目8　山石、水体的植物景观设计

工作任务导入

项目8工作任务导入

知识准备

　　山石具有朴素和自然的魅力，不用修饰就能创造出自然景观。在园林中，组织植物与山石造景时，需要根据周边的环境和山石的特征，选择适宜的植物与之搭配，使山石和植物组合能相得益彰地美化环境。

8.1　植物与山石的配置形式

　　中国园林常以山为主景或以山石为驳岸的水池为主景进行布局，根据用地功能和造景特色划分与组织空间，形成丰富生动的景观。在现代造景中，山石作为造园要素，可用作驳岸、护坡、挡墙、花池台阶、桌椅坐凳等室外器设，用途十分广泛。如图8-1所示。

　　植物与山石作为自然山水园的主景和地形骨架，在采用主景突出布局方式的自然山水园林中，尤其重要。整个园子的地形骨架、起伏、曲折皆以此为基础进行变化。利用假山划分空间是从地形骨架的角度来划分，具有自然和灵活的特点，特别是通过山水相映成趣的结合组织空间，可使空间更富于变化。在坡度较陡的土山坡地常散置山石以护坡。这些山石可以阻挡和分散地面径流，降低地面径流的流速从而减少水土流失。在坡度更陡的山上往往开辟成自然式的台地，在山的内侧所形成的垂直土面多采用山石做挡土墙。自然山石挡土墙的功能和整齐式挡土墙的功能基本相同，而自然山石挡土墙在外观上则更显曲折、起伏，凸凹有致。

❖ 图 8-1　中国园林（余英摄）

在园林中，当植物与山石组织创造景观时，柔美丰富的植物配置可以衬托山石之硬朗和气势；而山石之辅助点缀又可以让植物显得更加富有神韵。植物与山石配置营造出丰富多彩、充满灵韵的景观，从而唤起人们对自然界高山与植物的联想，使人仿佛置身于大自然中。

8.1.1　植物为主、山石为辅

以山石为配景的植物配置可以充分展示自然植物群落形成的景观，通常是将多种花卉植物以带状自然式混合栽种形成花境。或在树丛绿篱中，或栏杆建筑物前，或道路绿地边缘，或某个转角处等，亲切自然、生动野趣。如图 8-2 所示。

❖ 图 8-2　山石为辅的植物造景

8.1.2　山石为主、植物为辅

在公园入口、广场中心或草坪一角，在山石的周边
常点缀以植物，形成层次分明、静中有动的园林景观。
以山石为主的配置方式因其主体突出，常作为园林中的
障景、对景、框景，用来划分空间、丰富层次，具有多
重观赏价值。如图 8-3 所示。

8.1.3　植物、山石相得益彰

园林设计讲究因地制宜，要符合当代人的生活和审
美情趣。柔美丰富的植物可以衬托出山石的硬朗和气势，
而山石的点缀又可以让植物显得更加富有神韵。石中有
花，花中有石，情趣盎然。

山石和植物合理搭配正逐渐成为现代庭园造景模式
中的一大主角。山石浓缩着自然山川的灵气神韵，又有

❖ 图 8-3　植物与山石相得益彰

着坚硬刚韧的内在特点，它们和植物相互搭配达到"虽由人作，宛自天开"的景观效果。
这种浓缩大地山川的钟灵毓秀和传统历史文化的深厚积淀的中国造园艺术，以其独特的风
格和高度的艺术水平而在世界上独树一帜。

现代园林在湖石、黄石、英石的基础上多用人工塑石，低矮的常绿草本植物或宿根花
卉层叠疏密地栽植在石头周围，精巧而耐人寻味，良好的植物景观也恰当地辅助了石头的
点景功能。假山的植物配置宜利用植物的造型、色彩等特色衬托山的姿态、质感和气势。
如图 8-4 所示。

❖ 图 8-4　假山的植物配置

8.2　植物的配置要点

8.2.1　植物配置要有明显的季节性

植物配置要避免单调，注意季相的变化。配置效果应是三季有花、四季有绿，提高植物的观赏价值。如图 8-5 所示。

❖ 图 8-5　植物配置

在树木配置过程中，常绿植物占 1/4～1/3 较为合适，阔叶树比针叶树效果更好，枝叶茂盛的树木比枝叶稀疏的树木效果更好。可适当搭配乔灌草，互为补充，形成高低错落、色彩多变的植物景观。

8.2.2　观花、观叶和观果植物相结合

植物的配置宜色彩搭配、层次分明。根据植物的种类、形态、高矮、色彩等特征进行组合，可以使植物景观更加丰富，更具空间和时间感。如图 8-6 所示。

观赏花木中有一类叶色漂亮、多变的植物，如叶色紫红的红叶李、红枫，秋季变红叶的槭树类，变黄叶的银杏等，和观花植物组合可延长观赏期。观花和观叶树均可作为主景放在显要位置。观果植物可采用孤植、丛植、群植及盆景几种模式进行设计。观花植物与观果植物在园林绿化设计中的选择和应用，应该因时而变，因地制宜。不同的花色、叶色，不同高度的植物搭配，使色彩和层次更加丰富。

❖ 图 8-6　植物与山石相映成趣（余英摄）

8.3　水体与植物的配置设计

　　水是园林的灵魂，在中国的传统园林中有"无园不水，无水不园"的说法。水体有湖泊、河流、池塘、泉、瀑布等形式，不同形式的水体对植物配置的要求也不同。不同类型的水体景观，或以静态的水出现，如湖泊、池塘、深潭等常用曲桥、沙堤、岛屿分隔水面，以亭榭、堤岛划分水面，以芦苇、莲、荷、茭白点缀水面，形成亭台楼阁、小桥流水、鸟语花香的意境。或以动态的水出现，如溪流、喷泉、涌泉、叠水、水墙等，常与人工建筑动静结合，创造浓郁的地域生活气息。如图 8-7 所示。

8.3.1　现代园林水景的类型

❖ 图 8-7　水体与植物（余英摄）

1. 湖泊

　　湖泊给人以宁静开阔的感觉，植物的配置也应突出这一审美特征。湖泊产生的倒影和色彩，使湖面与湖中的景物亦可成为人们的视觉焦点。因此，湖泊植物的配置要注意：一是突出季相变化；二是以群植为主，形成丰富的植物群落；三是注重群落林冠线的起伏和色彩的搭配。如图 8-8 所示。

❖ 图8-8　湖泊

2. 河流

河流是自然流动的水体，河流自身水的流速、水深、营养状况等都会影响其植物景观。河流可分为自然河流和人工河流两大类。

1）自然河流

自然河流一般呈现蜿蜒弯曲状态，水流在不同部位，形成不同流速。流速快的自然河水不利于植物在土壤中的固定，因而河流内栖息地都少有植物分布。水流比较缓慢的水湾、静水区段，如河流湿地中生长大量的水生植物。

2）人工河流

人工河流主要是为了泄洪、排涝、供水、排水而开挖的，与自然河流相比，人工河流形式要简单，一般为顺直或折弯河道形态，这种结构不利于大多数水生植物生长繁育和水体的自净化。

3）溪涧

溪涧是园林中特殊的河流形式，最能体现山林野趣。溪流设计要求线形曲折流畅，水流有急有缓，尽量展示溪流的自然风格，岸边常设置景石，池底上常铺设卵石或少量种植土。

溪涧植物以展现植物景观为主，溪涧旁密植多种植物，高低错落，疏密有致，溪在林中若隐若现，为了与水的动态相呼应，植物应以"自然式"和"乡土树种"为主，秋色叶植物、落花植物也是溪边常见的植物材料。溪涧植物管理上较为粗放，显示其野逸的自然之趣，在植物布置上切忌所有植物处于同一水平线上，要充分体现节奏与韵律。如图8-9所示。

❖ 图 8-9　溪涧

3. 池塘

池塘是湖泊的缩小版,包括自然式池塘、规则式池塘和微型水池。自然式池塘造景手法可模仿湖泊,水体强调水际线的自然变化,水面收放有致,具有天然野趣,多为自然或半自然形体的静水池。规则式池塘在西方传统园林中较为常见,其形状规整,一般在轴线的中心,种植设计也要体现整齐均衡之美;屋顶花园或小庭园中的微型水池,是一种最古老而且投资最少的水体设计,深度大于 30cm 的水容器都可作为微型水池,种植单独观赏的植物,如碗莲,也可兼赏水中鱼虫,常置于阳台、天井或室内阳面窗台。如图 8-10 所示。

❖ 图 8-10　池塘

园林中小型池塘在植物配置时主要考虑近观效果，注重植物个体的景观特色，对植物的姿态、色彩、高度有较高的要求，如黄花鸢尾、水葱等以多丛小片栽植于池岸，疏落有致，倒影入水，富于自然野趣，水面上再适当点植睡莲，丰富景观效果。

面积较小的规则式池塘周围也常进行自然式种植。通过池岸丰富的植物，如选择叶片较大型或者匍地生长的植物，如玉簪、观音莲等柔化僵硬的驳岸线条。有时池岸的种植并不是覆盖整个池塘边缘，如日历花园在其中心的圆形规则式池塘周围种植了4个小花境，分别代表春、夏、秋、冬4个季节，构思别具一格。

微型水池园林植物景观体现质朴的乡野风格，上釉的水坛或水罐则表现得比较正式，釉面的图案可以和植物一起更好地烘托主题。天然的石槽最容易与植物配置相协调，如寥寥数株鸢尾与矮灯芯草等配合使用。在摆放时需要注意，水生花卉通常喜光，应保证不少于6h的直射光。

微型水池通常选择的植物种类并不多，一般为3～5种，选择一种竖线条的植物，如菖蒲、花鸢尾或美人蕉作为景观的背景；前方种植浮水植物，通常选择观赏价值高的水生花卉，如睡莲、荇菜等；沉水植物也是必要的。静态水景还有另外一种形式，即沼泽景观。容器不装满水，而是装肥沃的腐殖质，只需要保持湿润，可种植玉簪、鸢尾、落新妇、海芋等沼生植物。

4. 喷泉与瀑布

喷泉是一种个性鲜明的景观，可以表现出多变的形态、悦耳的音响、特定的质感和水温，综合地愉悦人们的视觉、听觉和触觉。喷泉波动的水面不适合种植水生植物，但在喷泉周围种植深色的常绿植物会成为背景，并形成更加清凉的空间。

瀑布因溢水口高差、水量、水流斜坡面的不同而产生千姿百态的水姿。在规则式的跌水中，植物景观往往只是配角。而在自然式园林中，瀑布周围的植物景观通常采用色彩丰富的彩叶植物，高度不高，而密度较大，能有效地屏蔽视线，使人的注意力集中于瀑布景观之上。瀑布常以山体上的山石、树木组成浓郁的背景，同时以岩石及植物隐蔽出水口。

5. 沼泽与人工湿地

沼泽是平坦且排水不畅的洼地，是地面长期处于过湿状态或者滞留着流动微弱的水的区域。

湿生植物是沼泽园的最佳选择，如花菖蒲、千屈菜，泽泻、慈姑、海芋、小婆婆纳、梭鱼草等。

近年来湿地和人工湿地逐渐被引入景观规划设计中，湿地中的植物选择日益倾向于具有地区特色及对污染物有吸收、代谢及积累作用的品种。

8.3.2　园林水景中植物的配置方法

园林水景设计所包含的范围为水域空间整体，包括水陆交界的滨水空间、四周环水的水上空间和水面空间。根据水域空间的地域特征可分为滨水区、驳岸、水面、堤、岛、桥、水面等几个部分。

1. 水缘空间

水体的植物景观设计重点往往并不在水面，而是在水缘。根据不同层次的植物组合对景观空间特别是垂直面的限定，可将水缘植物空间分为开敞空间、半开敞空间、封闭空间、覆盖空间和纵深空间。

1）开敞空间

人的视平线高于四周景物的空间是开敞空间。开敞空间主要由低于视平线的植物所构成，视觉通透性好，令人心旷神怡。但如果空间过于开敞，会使景观重点难以突出，导致景观单一、缺乏亮点，如在大型湖面设置小岛，精心配置形成季相变化丰富的群落景观，使其成为视觉中心。

2）半开敞空间

半开敞空间既提供了围合感又能恰到好处地给游人一种开敞的空间感受，如一部分垂直面被植物遮挡，阻碍了视线，另一部分则保持通透。

3）封闭空间

封闭空间的垂直限定面是由高于视平线的植物形成的，具有极强的隐秘性和隔离性，适于营造某一特定的环境氛围。由于封闭空间四周被围合，因此并无明显的方向性。通常垂直限定面顶部与游人视线所成角度越大，闭合性越强；反之闭合性越弱。如图 8-11 所示。

❖ 图 8-11　封闭空间

4）覆盖空间

水际空间的顶平面被植物所覆盖，形成了覆盖空间。覆盖空间可分为内部观赏和外部观赏两种。主要考虑林冠轮廓线的形态和风景林的色彩，使空间外缘需具备观赏价值，同时在空间内部，在林间开辟小路，使游人能够进入其中。

覆盖空间接近水体的边缘，应重点处理好植物高矮、疏密、间距以及种类的选择等问题，形成视线通透性好的借景或视线被隔断的障景。

5）纵深空间

纵深空间常指河道两侧通过种植高大乔木或茂密的灌木形成甬道般的空间，营造出宁静深邃的氛围。如图 8-12 所示。

❖ 图 8-12　纵深空间

2. 驳岸植物景观

驳岸作为水陆过渡的界面，在滨水植物景观营造中起着重要作用。园林驳岸按断面形式可分为规则式和自然式两类。

1）自然式驳岸

在中国古典园林中，驳岸多为自然式山石驳岸，岸线丰富，优美的植物线条及色彩可增添景色与趣味。在现代公园中常采用自然土面缓坡入水形式，缓坡驳岸以自然岸线栽植高低不同的植物，软质景观与水体相接，这种缓坡入水的驳岸不仅可以促进植物生长，适宜自然界的各种生物生存繁衍，并且能使人们获得亲切、舒缓的心理感受。如图 8-13 所示。

❖ 图 8-13　自然式驳岸

自然式缓坡适于在水体边缘种植各种湿生植物，既可护岸，又能增加景致，岸边的植物结合地形、道路，岸线自由种植，或在驳岸处种植一两棵优美的树种，其倾向水面的枝干可被看作框架，构成一幅自然的画面。以草坪为底色，在岸边种植大批宿根、球根花卉，如落新妇、水仙、报春属、蓼科、天南星科、鸢尾属植物。

2）规则式驳岸

用整齐的条石或混凝土等硬质材料砌筑岸坡，呈现出坚固、冰冷、笔挺的景观效果。驳岸线条呆板，可通过在前方水体中种植观赏价值高的水生花卉，如荷花、睡莲来转移游人视线，弱化其坚硬感。一些大水面的规则式驳岸很难被全部遮挡，只能用些花灌木和藤本植物，如夹竹桃、迎春、地锦来弥补。也可用柔软多变的植物枝条下垂至水面，遮挡石岸。

3. 岛、堤植物景观

水体中设置堤、岛是划分水面空间的主要手段，不仅增添了水面空间的层次，丰富了水面空间的色彩，其倒影也成为景观。岛的类型众多，大小各异，有可游的半岛及湖中岛，也有仅供远眺、观赏的湖中岛。在植物配置时要考虑导游路线，不能妨碍交通，注意通过植物、建筑等形成岛内郁闭空间与水面开朗空间的对比，并应留出透景线。如图 8-14 所示。

❖ 图 8-14　岛

堤在园林中是线性景观。如杭州西湖的苏堤、白堤，北京颐和园的西堤等，园林中堤的防洪功能逐渐弱化，常与桥相连，是重要的游览交通路线。植物以行道树方式配置，考虑到遮阴效果，应选择树形紧凑、枝叶茂密、分枝点高的乔木。

4. 水面植物景观

水面植物主要包括水生植物和湿生植物，不同水深适合生长不同类型的植物。水面植物是水域生态系统和园林水景的重要组成部分，在生态保护和环境美化中起到其他植物难以取代的作用。

水域面积较小处，植物占水体面积的比例不宜超过 1/2，适当留出大小不同的透景线，以供游人亲水及隔岸观景，打破水际线。水域宽阔处的水生植物应以营造水生植物群落景观为主，主要考虑远观效果。植物配置注重整体大而连续的效果，以量取胜，给人一种壮观的视觉感受。如图 8-15 所示。如黄花鸢尾片植、荷花片植、睡莲片植、千屈菜片植或多种水生植物群落组合等。东湖的荷花，西湖的曲院风荷都是此类景观。

　　水是园林景观中最活跃的因素，在水体园林植物景观设计时，首先要明确水缘景观的整体空间感觉，然后才是如何选择植物形成这种空间。不能忽视水生植物、湿生植物和陆生植物之间的搭配，采用乔木、灌木、草本、地被植物结合，模拟自然植物群落，发挥最大生态效益和景观效果。

❖ 图 8-15　水面植物（图片来源于网络）

8.4　植物与山石的配置设计项目实训

　　按照图 8-16 和图 8-17 概括照片中的植物配置组团。

1.圆冠阔叶大乔木
2.高冠阔叶大乔木
3.高塔形常绿乔木
4.低矮塔形常绿乔木
5.球类常绿灌木
6.小乔木
7.竖形灌木
8.团形灌木
9.可密植成片的灌木
10.普通花卉形地被
11.长叶形地被

❖ 图 8-16　实训图片 1

❖ 图 8-17　实训图片 2

微课：合理配置植物与山石水体

工作任务实施与评价

项目 8 活动实施　　　　项目 8 活动评价与总结

项目 9　建筑、小品环境的植物设计

工作任务导入

项目 9 工作任务导入

知识准备

9.1　植物景观与建筑的配置设计

植物丰富的色彩变化、柔和多样的线条、优美的姿态及风韵都能增添建筑的美感，使之生动活泼而具有季相变化，使建筑与周围的环境协调。

9.1.1　园林植物的配置对园林建筑的作用

（1）植物为建筑的对景，很多建筑设计会考虑室内向外观看到的景观。常用的手法是以建筑的窗为框来布置对景，植物往往是布置对景最常用的对象，因为植物可以使人放松心情。

（2）植物能够协调建筑与周边环境的关系，植物配置能打破建筑的生硬感，建筑也常以绿色植物来丰富和完善构图，植物还常用于掩盖不方便外露的小型建筑或构筑物，将植物配置其间，使其与环境融为一体，成为完整的景观。

（3）植物烘托建筑的氛围，不同的建筑有不同的形象轮廓、线条、色彩与气质，依据建筑的主题、意境、特色进行植物配置，可使建筑的主题与气氛更加突出，在植物掩映下若隐若现是常用的构景手法。

（4）植物赋予建筑时间和空间上的季相变化，使其生机盎然，变化丰富。

9.1.2　不同类型建筑的植物配置

植物是协调自然环境与建筑室内外空间的手段之一，注意不同性质的建筑在进行植物设计时应考虑相应的功能要求。

1. 陵园、寺院等园林建筑的植物景观设计

纪念性园林中的建筑常具有庄严、稳重的特点。如烈士陵园要注重纪念意境的创造，

常用松、柏象征革命先烈高风亮节的品格和永垂不朽的精神；纪念堂选用白兰花，别具风格，既打破了纪念性园林只用松、柏的界线，又不失纪念的意味。常绿的白兰花象征着先烈为之奋斗的革命事业万古长青，香味醇郁的白色花朵象征着先烈的事迹流芳百世，香留人间。如图 9-1 所示。寺院、古迹等地庄严、肃穆，配置树种的体形大小、色彩浓淡要与建筑物的性质和体量相适应。

❖ 图 9-1　白兰花

2. 中国古典皇家园林建筑的植物景观设计

宫殿建筑群具有体量宏大、金碧辉煌、布局严整、等级分明等特点，常选择姿态苍劲、意境深远的中国传统植物，如白皮松、油松、圆柏、青檀、七叶树、海棠、玉兰、银杏、国槐、牡丹、芍药等作基调树，且一般用多行规则式种植，来反映帝王至高无上的权利，象征王朝兴旺不衰。如图 9-2 中，滕王阁前山部分，建筑庄严对称，植物配置也多为规则式。园内配植的玉兰、西府海棠、牡丹、芍药、石榴等树种，彰显了"玉堂富贵""石榴多子"等传统思想。

❖ 图 9-2　滕王阁

3. 私家园林建筑的植物景观设计

江南古典私家园林小巧玲珑、以咫尺之地象征"万壑山林"，建筑多以粉墙、灰瓦、栗柱为特色，用于显示文人墨客的清淡和高雅。植物配置重视主题和意境，多于墙基、角隅处种植松、竹、梅等象征古代君子品行的植物。如图 9-3 所示。

❖ 图9-3 苏州园林小中见大的植物配置（余英摄）

江南园林以苏州园林为代表，是代表文人墨客情趣的私家园林。在思想上体现士大夫清高、风雅的情趣，建筑色彩淡雅，园林面积不大，故在地形及植物配置上运用小中见大的手法，再现大自然景色。

4. 英式建筑的植物景观设计

英式建筑为主的园林，植物造景中模拟英国或澳大利亚一些牧场的景色以开阔、略有起伏的草坪为底色，其上丛植或孤植雪松、龙柏、月季、杜鹃花等鲜艳花灌木。

5. 岭南风格建筑的植物景观设计

岭南风格以广东、广西的园林建筑为代表，具有浓厚的地方风格，通透、淡雅、轻巧。建筑旁大多用芭蕉、翠竹、棕榈科植物配置，加以水、石，组成一派南国风光。

6. 现代园林建筑的植物景观设计

现代建筑以其独特的形象、现代的材质为典型特征，所以常用整齐、简洁的方法进行植物配置。

9.1.3 不同建筑部位的植物配置

1. 建筑入口、窗、墙、角隅等的植物景观设计

建筑与园林植物之间的关系应是相互呼应、相互补充。植物配置首先要符合建筑物的性质和所要表现的主题，其次要使建筑物与周围环境协调，最后要加强建筑的基础种植。如建筑物体量过大、建筑形式呆板或位置不当等，均可利用植物遮挡或弥补。屋角点缀一株花木，可弥补建筑物外形单调的缺陷；墙面可配植攀缘植物；雕像旁宜密植高度适当的

常绿树做背景；座椅旁宜种庇荫、有香味的花木等。如墙基种花草或灌木，能使建筑物与地面之间有一个过渡空间，或起到稳定基础的作用。如图 9-4 和图 9-5 所示。

❖ 图 9-4　屋角点缀花木（余英摄）　　　　　　❖ 图 9-5　墙面配置攀缘植物（余英摄）

2. 建筑入口植物景观设计

入口是视线的焦点，通过精细设计，往往给人留下深刻的印象。一般入口处植物配置应有强化标志性的作用，首先要满足功能要求，不阻挡视线，以免影响人流车流的正常通行；在一些休闲功能为主的建筑、庭院入口处配置低矮花坛，自然种植几棵树木，来增加轻松和愉悦感。园林建筑常常充分利用门的造型，以门为框，通过植物配置，与路、石等进行精细的艺术构图，不但可以入画，而且可以扩大视野，延伸视线。

3. 建筑窗前植物景观设计

建筑窗前植株不宜遮挡视线和采光，要考虑植物与窗户朝向的关系。东西向窗户最好选用落叶树种，以保证夏季的树荫和冬季的阳光照射，要注意植物与建筑之间要有一定的距离。植物也可用窗做框景的对象，安坐室内，观赏窗外的植物景观，俨然一幅生动画面，这里需选择生长缓慢、变化不大的植物。为了突出植物主题，窗框的花格不宜过于花哨，以免喧宾夺主。如种植芭蕉、南天竹、孝顺竹、苏铁、棕竹、软叶刺葵等种类，近旁可再配些尺度不变的剑石、湖石，增添其稳固感。这样有动有静，构成相对稳定持久的画面。如图 9-6 所示。

❖ 图 9-6　剑石配景观（余英摄）

4.建筑墙体植物景观设计

古典园林常以白墙为背景进行植物配置，如几丛修竹、几块湖石即可形成一幅图画；现代墙体常配置攀缘植物或垂吊植物进行立体绿化，经过美化的墙面，自然气氛倍增。如苏州园林中的白粉墙常起到画纸的作用，通过配置观赏植物，以其自然的姿态与色彩作画，见图 9-7。选择爬墙植物时，在不同地区，适于不同朝向墙面的植物材料不完全相同，要因地制宜进行选择。宜在东、西、北 3 个朝向种植常绿植物，而在朝南墙面种植落叶植物，以利于朝南墙面在冬季吸收较多的太阳辐射热。所以，在朝南墙面，可选择地锦、凌霄等；朝北的墙面可选择常春藤、薜荔、扶芳藤等。见图 9-8。

❖ 图 9-7　苏州白墙（余英摄）

❖ 图 9-8　爬墙植物点缀（余英摄）

5. 建筑角隅植物景观设计

建筑的转角处常成为视觉焦点，有效地软化和打破的方法是对其进行适宜的植物配置。宜选择观果、观叶、观花、观干等种类成丛栽植，种植观赏性强的园林植物，并且要有适当的高度，最好在人的平视范围内，以吸引人的目光。也可放置一些山石，结合地形处理和种植植物，调和平直的墙面，增加美感。如图 9-9 所示。

❖ 图 9-9　建筑角隅植物景观设计

6. 建筑基础植物景观设计

建筑基础是指紧靠建筑的地方。建筑的高低不同，基础绿化选择的植物不同，基础绿化主要针对主视面，美化功能占主导地位，临街建筑面的隔音防噪功能也要顾及；受建筑物的影响，不同朝向形成不同类型的小气候，在植物选择上要注意其适应性；植物种植与建筑的艺术风格和表现一致；除攀缘植物外，基础栽植不可离建筑太近，以保持室内通风透光。建筑基础植物配置常采用的方式有花境、花台、花坛、树丛、绿篱等。如图9-10所示。

❖ 图9-10　建筑基础植物景观设计

7. 建筑过廊植物景观设计

过廊是建筑之间连接用的封闭或半封闭的带状建筑形式。过廊周围的植物配置主要考虑内外视线的交融和景观的构成，形成逐步展开的一系列画卷式框景。如图9-11所示。

❖ 图9-11　建筑过廊植物景观设计（余英摄）

9.2 植物与园林小品的配置设计

9.2.1 园林植物对园林小品的作用

园林小品的特征是体量较小、造型丰富、功能多样，园林小品是具备特定文化和精神内涵的功能实体，如装饰性小品中的雕塑物、景墙，在不同环境背景下表达了特殊的作用和意义，园林小品与植物一起处理得当，可获得单体达不到的功能效果。当建筑小品因造型、尺度、色彩等原因与周围绿地环境不协调时，建议用植物来缓和或者消除这种矛盾。如图 9-12 所示。

❖ 图 9-12 建筑基础植物景观设计

9.2.2 园林小品的分类

园林小品作为一件艺术品，既要在绿荫掩映时改善环境，美化和弥补空间的缺乏和不足，又要在落叶时仍可用且具有较强的观赏性，在设计时不应仅作单体来设计，还应考虑植物与小品的关系，需注意比例尺寸、材质和必要的装修，要根据环境来构思植物的形体等。园林小品按照功能可分为服务小品、装饰小品、展示小品，照明小品四种类型。

9.2.3 植物与建筑小品的配置方法

植物配置协调建筑小品与周边环境的关系：植物配置丰富建筑小品的艺术构图，完善建筑小品的功能。如指示小品（导游图，指路标牌）旁的几棵特别的树可以起到指示导游的作用。

（1）座椅是园林中分布最广、数量最多的服务类小品，其主要功能是为游人休憩提供停歇处。从功能的角度考虑，座椅边的植物配置，要注意枝下高不应低于 2.5m，常设在落叶大乔木下，做到夏可庇荫，冬不蔽日。座椅后面的背景植物也可以增强人们休息时的安全感。

（2）假山石作为装饰小品的一员，其旁植物配置一般以表现石的形态、质地为主，不宜过多地配置植物。有时可在石旁配置一两株小乔木或灌木，在需要遮掩时，可种攀缘植物；半埋于地面的石块旁，则常以树带草或与低矮花卉相配；溪涧旁石块，常植以各类水草，以添自然之趣。

（3）装饰小品雕塑若以植物为背景，通过植物的变化，能使视觉不断产生新的感觉和认识，而且对表现雕塑内容也会有所帮助。如高大乔木的树叶有很强的遮阴性，能反衬出雕塑的细致和温柔，适合于大理石、花岗石类雕塑；低矮的灌木丛植所形成的天然绿墙背景，能清晰和明确雕塑轮廓，使人的视觉更多地关注雕塑的造型；攀缘植物可以用于丰富雕塑形象或弥补雕塑的某些缺陷，更好地与大自然融合；地被或草坪等则会让雕塑更为突出。如图 9-13 所示。

❖ 图 9-13　建筑与植物配置

（4）园林中的廊架可以展示植物枝、叶、花、果的形态、色彩之美，因此具有园林小品的装饰性特点。廊架上栽植攀缘植物，能够完善廊架庇荫的功能。廊架既可作小品点缀，又可成为局部空间的主景；既是可供休息赏景的建筑设施，又是立体绿化的理想形式。

（5）以照明功能为主的灯饰，在园林中是一项不可或缺的基础设施，但是由于它分布较广、数量较多，在选择位置上如果不考虑与其他园林要素结合，将会影响绿地的整体景观效果，利用植物配置和草坪灯、景观灯、庭院灯、射灯等灯饰结合设计可以解决这个问题。园林小品一般以淡色、灰色系列居多，色叶类的、带有各种花色和季相变化的植物与园林小品的结合，可以弥补园林小品单调的色彩。如图 9-14 所示。

❖ 图 9-14　建筑灯饰与植物配置

9.3　树木与建筑配置的项目实训

改造校园一角，完成样例。如图 9-15 所示。

❖ 图 9-15　学生作品

微课：建筑小品植物景观设计

工作任务实施与评价

项目 9 活动实施　　　项目 9 活动评价与总结

项目 10 道路的植物景观设计

工作任务导入 ☞

项目 10 工作任务导入

知识准备

10.1 道路

10.1.1 道路的作用

人们对城市的第一印象是道路，道路的绿化首先要满足交通划分的功能要求，其次是美化环境。街道景观中唱主调的是高大乔木，它是城市中美丽风景线的关键。有特色的街景使城市变得丰富多彩，同时也使广大市民容易辨别和记忆。道路旁需要挑选耐干旱、较粗放的植物栽植，在后期的维护上更方便、更经济。

10.1.2 不同道路的植物配置

1. 城市主干道的植物设计

城市主干道是城市主要的交通枢纽，其种类有一板两带式、两板三带式、三板四带式、四板五带式。主干道车流量多，道路组成复杂，道路沿线建筑形式多样，主干道的植物设计要考虑植物的高度、空间尺度、配置方式及观赏者的角度、运动速度，要能有效分隔、诱导视线，强调道路的方向性，确保正常的通行秩序，还要发挥植物的生态防护功能，构建城市生态廊道。从体现城市特色的角度来讲，建议以乡土植物为主，还要兼顾与市政设施的关系。如图 10-1 所示。

❖ 图 10-1 道路旁植物配置

2. 人行道的植物设计

人行道绿地是指非机动车道与道路之间的绿地，包括行道树绿带和路侧绿带。这部分绿化把步行通道与车行道、外围环境进行有效分隔，为人们提供舒适的绿色步行空间和良好的庇荫环境。常见的形式有种植池式和种植带式。如图 10-2 和图 10-3 所示。

❖ 图 10-2　种植带式

❖ 图 10-3　种植池式

3. 分车绿带的植物设计

分车绿带指车行道之间的分隔带，其宽度根据道路的路幅宽度而定，分车绿带的宽度不同，植物设计形式也不同，可选择耐修剪的绿篱植物进行设计。如图 10-4 和图 10-5 所示。

❖ 图 10-4　中间分车绿带

❖ 图 10-5　交叉路口绿带

4. 步行街的植物设计

步行街是人行城市空间，基本形态有线状布局、线面结合布局和面状布局，步行街的植物设计不能妨碍交通和活动的开展，所选的植物要与环境风格相适应，能够体现一定的区域特色，点、线、面结合设计营造绿色的氛围。如图 10-6 所示。

❖ 图 10-6　路侧绿带

10.2　园路

10.2.1　园路的概念

园路是指园林中的道路工程，它是园林不可缺少的构成要素，是园林的骨架和网络。园路的规划布置往往反映不同的园林风貌和风格。如图 10-7 所示。

❖ 图 10-7　园路

10.2.2　园路的作用

园路的功能有：联系景区，成为景点及活动中心的纽带；展示景物，点缀风景；散步与休息，引导游览，分散人流，交通运输等。如图 10-8 所示。

❖ 图 10-8　引导游览

10.2.3　园路的类型

园路按其性质的功能分为：主干道、次干道、游步道。

1. 主干道

主干道是道路系统的主干，是联系园区各主要景区、主要景点和活动设施的路。主干道宽 4～5m，如图 10-9 所示。

❖ 图 10-9　主干道

2. 次干道

主干道是道路的一级分支，能够连接主路，且是各区内的主要道路，联系各个景点，对主路起辅助作用。路宽一般 2～3m。如图 10-10 所示。

❖ 图 10-10　次干道

3. 游步道

游步道分布于全园各处，尤以安静休息区为多，可以供人们漫步游赏。游步道路宽应满足两人行走，宽度一般为 1～2.5m，小径宽度一般为 0.8～1m。如图 10-11 所示。

❖ 图 10-11　游步道

10.2.4　园路植物配置的原则

园路植物配置要遵循适地适树的原则、生物多样性原则、实用性原则、景观美学与文化性的原则。如图 10-12 所示。

❖ 图 10-12　园路植物配置

园路绿化树种要选择冠幅大、枝叶密、深根性、耐修剪、落果少、无飞毛、无毒无异味、发芽早、落叶晚的植物。

10.2.5　园路植物配置形式

1. 观花和观叶植物相结合

观赏花木中有一类叶色漂亮、多变的植物，如叶色紫红的红叶李、红枫，秋季变红叶的槭树类、变黄叶的银杏等均很漂亮，和观花植物组合可延长观赏性，同时这些观叶树也可作为主景放在显要位置上。常绿树种也有不同的观赏效果，浅绿色的梧桐、深绿色的香樟、暗绿色的油松、云杉等，选择色度对比大的种类进行搭配效果更好。

园路植物配置要注意层次搭配、分层配置、色彩搭配。不同叶色和花色、不同高度的植物搭配，使色彩和层次更加丰富。如图 10-13 所示。

❖ 图 10-13　观花观叶植物

2. 配置植物要有明显的季节性

园路植物总的配置效果应是三季有花、四季有绿，在林木配置中，常绿的比率占
1/4～1/3较合适，枝叶茂密的比枝叶稀疏的植物效果好，阔叶树比针叶树效果好，乔灌木
搭配比只有乔木或灌木的效果好，有草坪比无草坪的效果好，多样种植物比纯林效果好。
另外，还可选用一些药用植物、果树等有经济价值的植物配置，当游人来到林木葱葱，花
草繁茂的绿地或漫步在林荫道上时，满目青翠，让人心旷神怡，流连忘返。如图10-14所示。

❖ 图 10-14　季节性植物

3. 草本花卉可弥补木本花卉的不足

草本花卉鲜艳，道路绿化中的草本花卉有较强的装饰和美化效果，能丰富植物间的层
次和色彩，具有防护和观赏的双重效果。坚持适地适花的原则，选择合适的品种，方能事
半功倍。如图 10-15 所示。

❖ 图 10-15　草本花卉

4. 园路案例中的植物配置

园路作为车辆和人员的汇流途径，具有明确的导向型，园路两侧的环境景观应符合导向要求，并达到步移景异的视觉效果。园路的绿化种植及路面质地色彩的选择应具有韵律感和观赏性。如图 10-16 所示。

❖ 图 10-16　园路

主路的植物配置，选用一个树种时，要特别注意园路功能要求，并与周围环境相结合，形成特色的景观。在较长的自然式园路旁，如只有一种树种，往往显得单调，为形成丰富多彩的景观，可选用多种树木配置，但要有一个主要树种，以防杂乱。如图 10-17 所示。

❖ 图 10-17　主路的植物配置

园路的风格形式可以影响植物配置，规则式直线或者有可循的曲线路周围的植物配置也以规则式植物设计为主。

自然式、无轨迹可循的自由曲线和宽窄不定的变形路旁的植物设计也应采用自然式种植。如图 10-18 所示。

❖ 图 10-18　自然式种植

在满足交通需求的同时，园路可以形成重要的视线走廊，因此，要注意园路的对景和远景设计，以强化视线集中的观景。

台阶两侧的绿化设计通常以对称为主，引导人们向上或向下，通常台阶引至的地方是个景观节点，如广场等，因此绿化设计要烘托主题，使主题升高路两旁种竹，有一定的厚度、高度和深度，道路迂回曲折，可以形成竹林幽深的感觉。如图 10-19 所示。

❖ 图 10-19　台阶两侧的绿化设计

园路中的观花植物应选择开花丰满、花形美丽、花色鲜艳或有香味、花期较长的植物。如白兰、桂花、桃花、杜鹃、玉兰、月季、龙船花、大红花、千日红等均很适合。配置时株距宜小，给人穿越花丛的感觉。采用花灌木时，还应注意背景树的配置。

10.3　道路植物配置的项目实训

如图 10-20 所示，提升待改善园路种植设计。

❖ 图 10-20　学生作品

微课：园路

工作任务实施与评价

项目 10 活动实施

项目 10 活动评价与总结

项目 11 公园绿地的植物景观设计

工作任务导入

项目 11 工作任务导入

知识准备

11.1 植物景观设计原则和程序

11.1.1 设计原则

（1）植物配置时要从园林绿地的性质和功能出发，符合园林绿化的功能要求。

（2）考虑园林绿地的艺术要求，给人以美的享受。

（3）因地制宜，与园林绿地总体布局形式一致。

11.1.2 设计程序

为了有序成功地达成规划目标，园林植物设计的程序包括以下几项。

（1）设计准备阶段，主要有收集资料、实地勘察、了解设计用地的气温、光照、土壤、水文、现有植物、交通等。

（2）分析评估场地，确定规划目标，确定开发限制、开发原则。

（3）提出设计理念，组织空间序列，选择合适植物。

（4）画出完整的种植设计图，列出详细的植物清单。

11.1.3 园林树木的配置要点

（1）根据规范算出场地的绿化面积。

（2）根据规划地块的环境条件和投资确定植物种类。

（3）设计时要考虑树木对周围环境的影响。

（4）确保一定的客土厚度和树木生长的空间。

（5）预先确定所需树木，并在施工前到位。

11.2　公园植物景观设计

11.2.1　公园设计的类型

公园的种植设计按照公园的性质和规划要求，分为规则式、自然式和混合式三种类型。

（1）规则式种植设计主要特点是植物配置呈几何图案形式，有明显的中轴线，景物对称布置，体现整齐、壮观、庄严的气氛，多用于纪念性园林、欧洲的皇家园林等。

（2）自然式种植设计植物配置反映自然植物群落高低错落之美，树木栽植以群植、孤植、丛植和林植等自然式为主，多用于休闲性公园，如综合性公园、儿童公园、植物园等。

（3）混合式种植设计是规则式和自然式种植设计的组合，经常是主入口或主要节点为规则式，而其他部分为自然式的植物配置形式。这种种植设计形式灵活，园林景观丰富多彩。如图 11-1 所示。

❖ 图 11-1　混合式种植设计

11.2.2　综合性公园植物景观规划原则

综合性公园植物景观规划原则如下。

（1）符合生态性、艺术性和文化性的园林设计思路。

（2）各功能分区不同，种植设计也要合理。

（3）满足人们的游憩需要。

（4）全园风格统一。

11.2.3　综合性公园植物景观规划布局

综合性公园的出入口一般包括主入口、次入口和专用入口三种，出入口的植物景观营造主要是为了突出、引人入胜，向游人展示其特色或造园风格。从设计上，大致有两种类型。一类是出入口有较开阔的空间，园门建筑比较现代，其绿化以花坛、花境或灌丛等形式为主，意在突出园门的高大或华丽。另一类出入口的空间较小，多属于规模较小的综合性公园的出入口或公园的次要入口，绿化设计以高大的乔木为主，配以美丽的观花、观叶灌木或草花，以营造出较为郁密、优雅的小环境。如图 11-2 所示。

❖ 图 11-2　公园出入口

1. 各功能区规划与植物景观营造

（1）文化娱乐区：游人通过游玩的方式参加文化教育和娱乐活动，其设施主要有露天剧场、展览馆、画廊、音乐厅等。设计时把人流量较多的大型娱乐项目安排在交通便利之处，同时要考虑区内各项活动之间的相互干扰，植物景观营造重点是如何利用高大的乔木把各项娱乐设施分隔开。考虑其开放性的特点，在一些公共场所，应多配植草坪或低矮花灌木，保证视野的通透性，利于游人之间相互交流。

（2）观赏游览区：景色最优美的区域，往往选择山水景观优美之地，结合历史文物、名胜古迹，建造观赏树木丛、专类花园，营造假山、溪流等，创造出美丽的自然景观。常见的有花卉观赏区专类园；或以水体为主景，配植不同的植物以形成不同情调的景观；还可用借景手法，把园外的自然风景引入园，体现自然式景观层次美。如图 11-3 所示。

（3）安静休息区：是专供人们休息、散步、欣赏自然风景的区域，在全园中占地面积最大，游人密度较小，且应与喧闹的文化娱乐等区有一定的距离。一般选择原有树木较多、地形起伏多变之处，最好有高地、谷地、湖泊、溪流等。国外有的地方采用密林的方式，在密林内分布很多漫步道，林间散落自然式小空地和小草地。空地可以设置座椅，并配小雕塑等园林小品，也可直接做成疏林草地，为游人提供大面积的自由空间。如图 11-4 所示。

❖ 图 11-3　观赏游览区

❖ 图 11-4　安静休息区

（4）儿童活动区：儿童活动区的面积不应太小，应有足够的空间和游戏设施。一般设置在主要入口或次要入口附近、地形较平坦、日照良好、自然景色明快的地方。儿童活动区要提供座椅、座凳等供家长等候看护之用。儿童活动区的植物选择很重要，植物种类应比较丰富，一些具有奇特叶、花、果之类的植物尤其适用于该区，以引起儿童对自然界的兴趣。但不宜采用带刺的树木，更不能用枝、叶等有毒的植物。周围应用紧密的林带或绿篱、树墙与其他区分开，区内游乐设施附近应有高大的庭荫树遮阴。如图 11-5 所示。

（5）老人活动区：应选在背风向阳之处，能为老人们提供充足的阳光。地形选择也要求平坦为宜，建筑设施布置要紧凑，如座椅、躺椅、亭子等的布局要具有较强通透性和耐用性，以满足老人们长期在此聊天、下棋等要求。此外，还要规划出一定面积的活动场所，供老人们锻炼使用。

❖ 图 11-5　儿童活动区

在植物选择上，应以多种植物组成的落叶阔叶林为主，不仅能营造夏季丰富的景观和荫凉的环境，而且能在冬季有充足的阳光。建议选一些具有杀菌能力或芳香的植物，净化空气，愉悦身心。

（6）体育运动区：常设在公园的次入口处，既可缓解人群过于拥挤，又方便运动的居民。该区地势宜平坦、土壤坚实、便于铺装、利于排水。体育运动区的植物应以速生、健壮的落叶阔叶树为主，不宜选择悬铃木、垂柳、杨树等果实、种子产生飞絮的种类。各运动场地的外缘用乔、灌木混交林相围分隔，但树木与运动场地至少要保持 6m 的距离。

（7）公园管理区：工作人员进行办公管理和生活服务之地。一般多设在园内较隐蔽的角落，不对游人开放，设有专门入口。在面向游览区的一面应多植高大的乔木，以遮蔽公园内游人的视线。

2.园路规划与植物景观营造

园路是公园的重要组成部分，它承担着引导游人、连接各区域等功能。按其作用及性质的不同，一般分为主要道路、次要道路、游步道三种类型。

（1）主要道路：是道路系统的主干，它因地形、设计而做不同形式的布置。主要道路的宽度在 4～5m，两旁多布置左右不对称的行道树或修剪整形的灌木，也可不用行道树，结合花境或花坛布置自然式树丛、树群。如图 11-6 所示。

（2）次要道路：连接主路，是各区内的主要道路，一般宽度在 2～3m。次要道路的布置要利于联系各区，沿路又要有一定的景色可供观赏。沿路布置林丛、灌木、花草以美化道路，各区的景色也可丰富道路景观。如图 11-7 所示。

（3）游步道：分布于全园各处，尤以安静休息区为多，一般宽度在 1.5～2m。可蜿蜒伸入密林，或穿过广阔的疏林草坪，也可沿湖布置等。如图 11-8 所示。

❖ 图 11-6　主要道路

❖ 图 11-7　次要道路

❖ 图 11-8　游步道

11.3　公园绿地植物景观设计的项目实训

口袋公园种植设计分析与改造如图 11-9 所示。

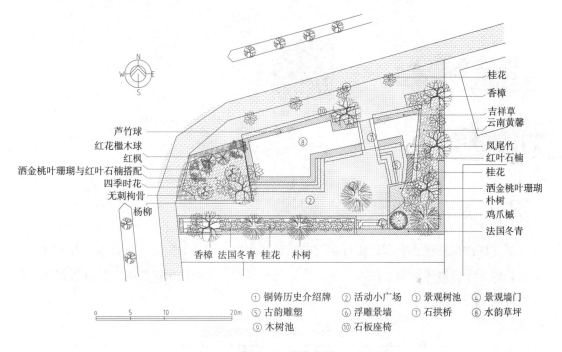

芦竹球
红花檵木球
红枫
洒金桃叶珊瑚与红叶石楠搭配
四季时花
无刺枸骨
杨柳

桂花
香樟
吉祥草
云南黄馨
凤尾竹
红叶石楠
桂花
洒金桃叶珊瑚
朴树
鸡爪槭
法国冬青

香樟　法国冬青　桂花　朴树

① 铜铸历史介绍牌　② 活动小广场　③ 景观树池　④ 景观墙门
⑤ 古韵雕塑　⑥ 浮雕景墙　⑦ 石拱桥　⑧ 水韵草坪
⑨ 木树池　⑩ 石板座椅

❖ 图 11-9　学生实训

微课：公园植物造景

工作任务实施与评价

项目 11 活动实施　　项目 11 活动评价与总结

项目 12　居住区绿地设计

工作任务导入

项目 12 工作任务导入

知识准备

12.1　居住区的类型

居住区按照居民在合理的步行距离内满足基本生活需求的原则，可分为十五分钟生活圈居住区、十分钟生活圈居住区、五分钟生活圈居住区及居住街坊四级，其分级控制规模应符合表 12-1 的规定。

❖ 表 12-1　居住区分级控制规模

距离与规模	十五分钟生活圈居住区	十分钟生活圈居住区	五分钟生活圈居住区	居住街坊
步行距离（m）	800～1000	500	300	—
居住人口（人）	50000～100000	15000～25000	5000～12000	1000～3000
住宅数量（套）	17000～32000	5000～8000	1500～4000	300～1000

12.2　居住区绿地规划原则及要求

居住区规划设计应坚持以人为本的基本原则，遵循适用、经济、绿色、美观的建筑方针，应符合城市设计对公共空间、建筑群体、园林景观、市政等环境设施的有关控制要求。并应符合下列规定。

（1）居住区的绿化景观营造应充分利用现有场地自然条件，宜保留并利用已有树木和水体。如图 12-1 和图 12-2 所示。

（2）考虑到经济性和地域性原则，植物配置应选用适宜当地气候、土壤条件，同时对居民无害的植物。

（3）应采用乔、灌、草相结合的复层绿化方式，并以乔木为主，群落多样性与特色树种相结合，提高绿地的空间利用率，增加绿量，达到有效降低热岛强度的作用。如图 12-3 所示。

（4）应充分考虑场地及住宅建筑冬季日照和夏季遮阴的需求。

（5）适宜绿化的用地均应进行绿化，并可采用垂直绿化、退台绿地、底层架空绿化等多种立体绿化的方式丰富景观层次、增加环境绿量。如图 12-4 所示。

❖ 图 12-1　居住区（宋扬摄）

❖ 图 12-2　居住区绿化保留原有大树（宋扬摄）

❖ 图 12-3　绿化应采用乔、灌、草相结合的
复层绿化方式（宋扬摄）

❖ 图 12-4　居住区内河绿化（宋扬摄）

（6）有活动设施的绿地应符合无障碍设计要求并与居住区的无障碍系统相衔接。

（7）绿地应结合场地雨水排放进行设计，并宜采用雨水花园、下凹式绿地、景观水体、干塘、树池、植草沟等具备调蓄雨水功能的绿化方式。

居住区的规划布局应综合考虑周边环境、路网结构、公共建筑与住宅布局、群体组合、地下空间、绿地系统及空间环境等的内在联系，构成一个完善的、相对独立的有机整体。居住区内的绿地规划应根据居住区的规划布局形式、环境特点及用地的具体条件，采用集中与分散相结合，点、线、面相结合的绿地系统。如图 12-5 所示。

❖ 图 12-5　点、线、面相结合的绿地系统（宋扬摄）

12.3　居住区各级绿地的控制指标

各级居住区用地的各项控制指标见表 12-2。

❖ 表 12-2　各级居住区用地的各项控制指标

生活圈级别	住宅建筑的平均层数类别	居住区用地构成（%）				
		住宅用地	配套设施用地	公共绿地	城市道路用地	合计
十五分钟生活圈	多层 I 类（4 层～6 层）	58～61	12～16	7～11	15～20	100
	多层 II 类（7 层～9 层）	52～58	13～20	9～13	15～20	100
	高层 I 类（10 层～18 层）	48～52	16～23	11～16	15～20	100
十分钟生活圈	低层（1 层～3 层）	71～73	5～8	4～5	15～20	100
	多层 I 类（4 层～6 层）	68～70	8～9	4～6	15～20	100
	多层 II 类（7 层～9 层）	64～67	9～12	6～8	15～20	100
	高层 I 类（10 层～18 层）	60～64	12～14	7～10	15～20	100
五分钟生活圈	低层（1 层～3 层）	76～77	3～4	2～3	15～20	100
	多层 I 类（4 层～6 层）	74～76	4～5	2～3	15～20	100
	多层 II 类（7 层～9 层）	72～74	5～6	3～4	15～20	100
	高层 I 类（10 层～18 层）	69～72	6～8	4～5	15～20	100

12.4　居住区公共绿地规划建设的有关规定

新建各级生活圈居住区应配套规划建设公共绿地，并应集中设置具有一定规模，且能开展休闲、体育活动的居住区公园，形成集中与分散相结合的绿地系统，满足居民不同的日常活动需要。公共绿地控制指标应符合表 12-3 的规定。

❖ 表 12-3 公共绿地控制指标

类　别	人均公共绿地面积（m²/人）	居住区公园		备　注
		最小规模（hm²）	最小宽度（m）	
十五分钟生活圈居住区	2.0	5.0	80	不含十分钟生活圈及以下级居住区的公共绿地指标
十分钟生活圈居住区	1.0	1.0	50	不含五分钟生活圈及以下级居住区的公共绿地指标
五分钟生活圈居住区	1.0	0.4	30	不含居住街坊的公共绿地指标

注：公共绿地是为各级生活圈居住区配建的公共绿地及街头小广场，对应城市用地分类 G 类用地（绿地与广场用地）中的公园地（G1）及广场用地（G3），不包括城市级的大型公园绿地及广场用地，也不包括居住街坊内的绿地。

当旧区改建时出现人口密集，用地紧张等问题，确实无法满足表 12-3 的规定时，可采取多点分布以及立体绿化等方式改善居住环境，酌情降低人均公共绿地面标准，但不应低于相应控制指标的 70%。

12.5　居住街坊集中绿地规划建设及绿地面积的计算方法

居住街坊内的绿地应结合住宅建筑布局设置集中绿地和宅旁绿地，绿地的计算方法应符合《城市居住区规划设计标准》（GB50180-2018）（以下简称《标准》）附录 A 第 A.0.2 条的规定。为老年人及儿童提供更加理想的游憩及游戏活动场所，居住街坊内集中绿地的规划建设，应符合下列规定。

（1）《标准》对其最小规模和最小宽度进行了规定，以保证居民能有足够的空间进行户外活动，新区建设不应低于 0.5m²/人，旧区改建不应低于 0.35m²/人。

（2）宽度不应小于 8m。

（3）在标准的建筑日照阴影线范围之外的绿地面积不应少于 1/3，其中应设置老年人、儿童活动场地。

居住街坊内绿地面积的计算方法应符合下列规定。

（1）满足当地植树绿化覆土要求的屋顶绿地可计入绿地。绿地面积计算方法应符合所在城市绿地管理的有关规定。

（2）当绿地边界与城市道路临接时，应算至道路红线；当与居住街坊附属道路临接时，应算至路面边缘；当与建筑物临接时，应算至距房屋墙脚 1.0m 处；当与围墙、院墙临接时，应算至墙脚。

（3）当集中绿地与城市道路临接时，应算至道路红线；当与居住街坊附属道路临接时，应算至距路面边缘 1.0m 处；当与建筑物临接时，应算至距房屋墙脚 1.5m 处。

居住街坊内绿地及集中绿地的计算规则可参照图 12-6。

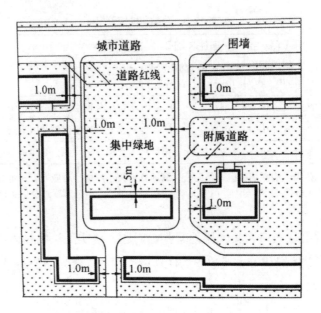

❖ 图 12-6　居住街坊内绿地及集中绿地的计算规制示意

12.6　居住区的植物配置

　　居住区绿化建设应结合当地的气候特点，适地适树，乔、灌、花、草、藤、水生植物、色叶植物、花灌木、芳香植物以及花卉结合，注重植物种类的多样性，提高居住区绿化的生态含量。如图 12-7 所示。可从以下几个方面考虑。

❖ 图 12-7　方便进出的屋顶绿地（宋扬摄）

　　（1）要综合考虑绿化功能的需要，不能绿化大于功能。

　　（2）要考虑四季景观，采用常绿树与落叶树、乔木和灌木、速生和慢长、不同花期和色彩的树种配植在一起。落叶乔木与常绿乔木的比例一般为 6∶4，乔木与灌木的比例一一般为（1∶6）～（1∶3）。

（3）植物种植形式要多种多样，如丛植、群植、孤植、对植等，打破成行成列住宅群的单调和呆板。力求以植物材料形成绿化特色，使统一中有变化。如图 12-8～图 12-10 所示。

❖ 图 12-8　种植形式多样（宋扬摄）

❖ 图 12-9　种植形式多样（宋扬摄）

❖ 图 12-10　种植形式多样（余英摄）

（4）宜选择生长健壮、有特色的树种，可大量种植宿根、球根花卉及自播繁衍能力强的花卉，获得良好的观赏效果。

（5）绿化布局、树种选择要多样化。行列式住宅易单调、不易分辨。因此要选择不同的树种，不同的种植方式，作为识别的标志。①绿地面积在 3000m² 以下的，不低于 20 种植物；②绿地面积在 3000～10000m² 的，不低于 30 种植物；③绿地面积在 10000～20000m² 的，不低于 40 种植物；④绿地面积在 20000m² 以上的，不低于 50 种植物。

（6）应用多种攀缘植物绿化建筑墙面、各种围栏、矮墙，提高居住区立体绿化效果，使其具有多方位的观赏性。

（7）住宅周围常因建筑物的遮挡造成大面积的阴影，宜选择耐阴的植物种类。

（8）住宅附近管道密集，树木的栽植要算准距离，尽量减少二者之间的相互影响。

（9）绿化布置要注意尺度感，以免由于树种选择不当而造成拥挤，树木的栽植不要影响住宅的通风采光，尤其是南向窗前不要栽植大乔木。

（10）种植前应根据实际情况进行土壤改良，提倡屋顶绿化、阳台绿化、垂直绿化，提高居住区绿化效果。

同时，居住区植物选择还要考虑是否符合居住卫生条件，要根据居住小区的各种环境选择合适的植物，如：阴面、阳面、屋顶、阳台、外墙等，植物的选择建议如下。

（1）无污染和伤害性。居住区所选植物本身不能产生污染，忌用有毒、有刺、有异味、易引起过敏的植物，应选少花粉、无针刺、无落果、无飞絮、落叶整齐的植物。

（2）合理配置有益身体健康的保健植物。生活区的所选树种植物应有较强的抗污染特性，抵抗生活污水、污物、污气以及四周街道上扬起的灰尘。

（3）少常绿，多落叶。居住区由于楼房的相互遮挡，采光往往不足，特别是冬季，光强减弱，光照时间短，采光问题更加突出，因此要多选落叶树，少选常绿树。

（4）以阔叶树木为主。居住小区是人们生活、休息和游憩的场所，应该给人舒适、愉快的感觉。

（5）选择会结果、有小种子的植物，招引鸟类，模拟出自然景观，形成"鸟语花香"的环境。

微课：居住区植物造景

工作任务实施与评价

项目 12 活动实施　　　　项目 12 活动评价与总结

项目 13 校园附属绿地的植物景观设计

工作任务导入

项目 13 工作任务导入

知识准备

13.1 校园绿地植物景观设计

13.1.1 校园绿化的作用

1. 生态功能

生态功能主要是指绿地具有放出氧气、净化空气、调节空气湿度和温度的作用。校园的师生学习和工作需要良好的环境，保持空气的清新是至关重要的。如图 13-1 所示。

❖ 图 13-1　校园绿化 1（阮麒诺、郑夏平摄影）

2. 心理功能

绿色使人感到舒适，能调节人的神经系统，在树木繁盛的绿色空间，可减轻或消除视力疲劳，尤其对于用眼较多的脑力劳动者，如学生、教师和科技工作者等。如图 13-2 所示。

❖ 图 13-2　校园绿化 2（阮麒诺、郑夏平摄影）

3. 物理功能

物理功能主要是指绿化具有隔声减噪、隔热保温与防风的作用。校园文化氛围的形成是以安静为前提的，地处喧嚣闹市的校园，需要通过绿地的隔声作用对校园环境加以保护。

4. 美观功能

一所校园，尤其是占地规模较大的校园，景观绿化平面上往往形成点、线、面的格局。立体上则可有上（顶面）、中（墙面）、下（底面）三种方式。点、线、面交替运用，上、中、下穿插渗透，构成了多层次的绿化景观。植物优美的姿态、和谐的颜色搭配、合理美观的配置、精致的小品和美观的雕塑，成功的绿化作品会给人以美的享受。如图 13-3 所示。

5. 实用功能

（1）辅助完成教学任务的功能，要满足学生室外读书和游憩的基本要求，例如提供游憩空间。宿舍附近的绿地是安静、封闭的小型植物空间，供学生户外读书，并设法减少读书时彼此的干扰。如图 13-4 所示。

❖ 图 13-3　校园绿化 3（阮麒诺、郑夏平摄影）

❖ 图 13-4 校园绿化 4（阮麒诺、郑夏平摄影）

（2）教室、图书馆周围的绿地需要开阔舒展。为师生提供开阔的视野，同时还可以成为课间文体活动的场所。如图 13-5 所示。

❖ 图 13-5 图书馆绿化（阮麒诺、郑夏平摄影）

13.1.2 校园绿化的特点

1. 我国校园植物景观的发展特点

我国古代官学学府多在京师府县，由于受到当时礼教封建思想的影响和制约，在校舍和环境方面大都刻板而严正，突出尊卑有别的儒家思想。与之相反，私学则崇尚老庄的虚无遁世、返璞归真，追求山林野趣，养性超脱，因而校园环境颇具禅林特色。如图 13-6 所示。

由于古代大学教育在内容上着重于义理与经史，强调修身养性，因此在教学上强调静、思、悟、游。尤其是唐末书院的兴起与发展，使众多的校园步入山林风景胜地或山林之中，融教育活动于自然山水美景中，师生在优美环境中修身养性、吟诗作画成为教育的一个重要方面。如湖南大学校园内的岳麓书院，前临湘水，后枕岳麓山，四周林木荫翳，环境幽静雅致，自然景观与人文景观融为一体。

❖ 图 13-6 　校园自然景观（阮麒诺、郑夏平摄影）

我国近代校园由于受到历史、文化、政治和经济等多方面因素影响，大多将具有古典风格的校园建筑散于园林山水中，利用古典或自然风景秀丽的场所作为校园景观的基础，不仅在建筑和环境关系上满足了学校教学和生活的需要，而且体现了西方先进的规划建筑思想和中国古典美学思想的融合。

新中国成立初期，我国高等学校校园内部功能分区不能充分体现人性化设计和校园意境美。近年来，我国高等学校校园建设正如火如荼地进行，但相对于以往的高等学校校园规划和建设来说，人们更加注重学校的整体宏观规划、建筑物的设计形式以及位置关系等问题，而忽视了植物景观这项重要工作。不过，伴随着生态环境建设的热潮，越来越多的人开始关注高等学校校园的植物景观配置问题。

2. 国外高校校园植物景观的发展特点

西方一些古老而著名的大学，不仅以其学术威望而著名，其校园的自然环境、建筑造型、传统文化气氛也成了学校的象征与骄傲，如牛津、剑桥、斯坦福、哈佛等大学。

13.1.3　校园绿化植物景观设计的基本原则

1. 生态原则

因地制宜。根据每个学校自身的自然条件，选择与周围环境相协调，能适应当地自然条件健康生长的植物，以充分发挥其生态效应。充分考虑植物的生态位特征，合理进行植物种类的选择和搭配，按空间、时间和营养生态位差异进行合理配置，既可避免种间竞争，又可充分利用阳光和养分等环境资源，保证群落和景观的稳定，最大限度地发挥植物的生态功能和生态效益。如图 13-7 所示。

❖ 图 13-7　校园景观（阮麒诺、郑夏平摄影）

　　植物多样，群落稳定。在校园植物配置时，做到植物类型多样化，有利于增加空间异质性，维持群落稳定性，创造优美生态的校园环境。

　　2. 美学原则

　　植物的色、香、形态与形体的变化组合能体现园林植物配置的艺术性，运用美学的园林将不同的园林绿化场所变成一个个能够使人产生美好联想、愿意逗留的园林空间。学校园林绿化的主要功能之一就是要满足人们的审美要求，因此，在进行校园景观的营造时，必须符合景观美学的基本原则：多样与统一、对比与调和、均衡与稳定、韵律与节奏、比例与尺度等。如图 13-8 所示。

❖ 图 13-8　校园美学原则（阮麒诺、郑夏平摄影）

　　校园绿地应以园林美学、景观设计原理等作为景观营造的基本理论基础和依据，在尽量保留校园本身自然形态与景观要素的前提下进行艺术处理，既保留大自然的天然美，也对不同区域的绿化进行一定的人工雕饰，体现绿地的空间合理性与尺度、比例、色彩、韵律的适度性。如图 13-9 所示。

❖ 图 13-9　校园垂直绿化（阮麒诺、郑夏平摄影）

3. 环境心理、行为原则

　　校园绿地规划设计在注重生态及景观效果的同时，应结合师生的心理特点和行为需求来规划各种科学、合理的人性化场所，对校园绿地的空间环境设计进行合理的功能分区，充分把握构筑可持续发展的校园绿地发展空间和利于心理健康的校园绿色休闲空间，满足多样化的使用需求。如图 13-10 所示。

❖ 图 13-10　水边休息空间的植物（阮麒诺、郑夏平摄影）

　　不同的活动对环境空间及其氛围有不同的要求，因此在进行植物配置时，应充分发挥植物的建造功能，创造出多种植物空间类型，满足师生户外活动需要，起到缓解心理疲劳、释放学习和工作压力的作用。如图 13-11 所示。

❖ 图 13-11　标志性景观构筑物与树木的避让（阮麒诺、郑夏平摄影）

4. 与建筑协调原则

　　植物与建筑的配置是典型的自然美和人工美的结合，二者关系应和谐一致。可以巧妙运用植物的线条、姿态、色彩来与建筑的线条、形式、色彩相得益彰。植物与建筑的配合得当，可使建筑及其环境更加优美动人和富有生气。在高层建筑前种植低矮圆球状植物，对比显出建筑的崇高；在低层建筑前种植柱状、圆锥状树木，使建筑看起来比实际的高。如图 13-12 所示。

❖ 图 13-12　植物与景墙（阮麒诺、郑夏平摄影）

在一个树木葱郁、山清水秀的校园环境里，植物作为景观设计中的"软质景观"，能够有效地缓减各种硬质景观带来的不利因素，使人们忽略不雅观的校园建筑设计。植物能使固定不变的建筑物具有生动活泼、变化多样的季节感，增强不同建筑物之间的协调感，还可以柔化、缓和或者烘托建筑。如图 13-13 所示。

❖ 图 13-13　植物与主体建筑（阮麒诺、郑夏平摄影）

5. 文脉传承原则

校园的绿化配置应实现自然和人文相结合，创造出独具魅力的校园风格和校园个性。对于一些历史悠久的学校，在长期的办学过程中形成了各自的传统和风格，进行校园绿化时，应充分挖掘校园丰富的人文资源和历史文化，将传统文化与自然资源相结合，创造具有文化内涵、特色鲜明、景观优美的校园，师生在欣赏美景的同时，还能得到文化熏陶。还可以应用本地独具特色或具有特殊意义的乡土植物进行绿化，如古树名木、市树、市花等，形成个性化、具有象征性、标志性意义的校园植物景观。如图 13-14 和图 13-15 所示。

❖ 图 13-14　植物与雕塑（阮麒诺、郑夏平摄影）

❖ 图 13-15　植物与入口空间景墙（阮麒诺、郑夏平摄影）

13.1.4　常用抗污染植物和监测植物

1. 抗污染植物

抗污染植物是指对某些污染性物质有较强抗性的植物品种。有污染物排放的地区，考虑作物布局时，种植抗污染植物可以减轻农业的受害程度。例如：在排放含氟废气的磷肥厂四周，适宜种植棉花、油菜、扁豆等植物；在排放二氧化碳的火力发电厂及硫酸厂附近，适宜种植玉米、芹菜、洋葱、马铃薯等作物。

2. 监测植物

20 世纪初，生态学者已注意到植物可用来监测大气污染。主要方法有：调查叶片受害症状，测量植物生长量、解析年轮等；根据植物受害程度，进行污染程度分级，绘出污染分布图和估计历年污染程度。具体方法如下。

（1）利用盆栽指示植物，如唐菖蒲、金荞麦等进行定点监测。

（2）分析植物体内污染物含量，如超过正常或背景含量时，表明空气已受该污染物的污染。

（3）对调查污染区地衣、苔藓的种类、数量、分布及含污量进行监测，或将地衣、苔藓移植到污染区，定期观察其受害情况，绘制反映一个地区或城市空气污染的地衣或苔藓植物分布图。

（4）利用植物对环境诱变剂监测和利用植物细胞、生理、生化及毒理学指标等方法来监测大气污染的程度和范围。

13.1.5　校园绿地的植物景观设计

1. 校门区

校门是学校的门户和标志，植物配置总体要求是整齐、美观、醒目，一般宜采用规则式布局进行植物配置。在校门口两侧的围墙内外可以用树形整齐的树种，如扁桃、大王椰、蒲葵等，并适当点缀些花灌木，使校门整齐、美观、严肃大方。入口处可以布置各种时令花卉或设置花坛，以增加校园的活泼氛围。如图 13-16～图 13-18 所示。

❖ 图 13-16 校门口绿植 1（阮麒诺、郑夏平摄影）

❖ 图 13-17 校门口绿植 2（阮麒诺、郑夏平摄影）

❖ 图 13-18 校门口绿植 3（阮麒诺、郑夏平摄影）

2. 教学区

教学区的植物配置主要目的是营造安静、清爽、整洁的优美育人环境，力求做到香化、美化。布局形式上应与建筑物相协调，并满足室内通风采光的要求。在教学楼周围可配置如天竹、蜡梅、桂花、连翘、丁香、小叶黄杨、月季、杜鹃花等价值高、树形优美的花灌木或小乔木，也可配置花坛、花镜等，在保证通风采光的同时，创造优美的环境。还应配置一些具有文化内涵的植物，如梅花——梅花香自苦寒来，勉励学生勤奋努力、奋发向上，启发和培养学生意志和品德。在校园较小的学校，若无专门的绿化场地，应搞好楼道、阳台及教室庭院内的绿化和美化。如图 13-19 和图 13-20 所示。

❖ 图 13-19　教学区楼间绿植（阮麒诺、郑夏平摄影）

❖ 图 13-20　教学区周边绿植（阮麒诺、郑夏平摄影）

3. 运动区

为避免噪声干扰，应在操场与教室间设置绿化隔离带，隔离带可由常绿乔木和灌木组成。运动场周围种植高大的乔木，如无患子、榉树、杧果等，夏季遮阴，冬季享受阳光，并尽量少种灌木，以便留出较多的空地供学生活动。如图 13-21 所示。

❖ 图 13-21　运动区绿植（阮麒诺、郑夏平摄影）

4. 生活区

寄宿类的中学校园，以自然式为主，生活区可配置一些香花植物，如含笑、桂花、栀子花等，以及色叶植物，如银杏、栾树、鸡爪槭等，或配置花坛、花镜等，创建景观优美、舒适宜人的生活环境。在生活区可以设置一些小型的休闲绿地供学生学习和休闲，还可设置些小型的运动场所，供学生活动。如图 13-22 和图 13-23 所示。

❖ 图 13-22　生活区周边绿植（阮麒诺、郑夏平摄影）

❖ 图 13-23　生活区楼间绿植（阮麒诺、郑夏平摄影）

5. 休闲区

较大的中学校园中，通常设置单独的休闲区，可配置色彩丰富、枝叶繁茂的高大乔木，起到遮阴、隔音、防尘、湿润空气的作用，激发青少年活动欲望，舒展身心，也可种植成片竹林，设置假山等幽静之处以供学习和交流。尤其适合种植落叶植物，体现季相变化，营造丰富景观，也可布置花坛、花境，与雕塑、喷泉相映成趣。给从紧张的学习气氛中走出来的师生以松弛、恬静的愉悦感，提高工作和学习效率。如图 13-24～图 13-26 所示。

❖ 图 13-24　静谧休闲区绿植（阮麒诺、郑夏平摄影）

❖ 图 13-25　开阔休闲区绿植（阮麒诺、郑夏平摄影）　❖ 图 13-26　小型休闲广场绿植（阮麒诺、郑夏平摄影）

13.2　校园绿地植物景观项目实训

教学楼高 20m，根据 CAD 图，在校园教学楼 A 和教学楼 B 之间进行植物种植设计。如图 13-27 所示。

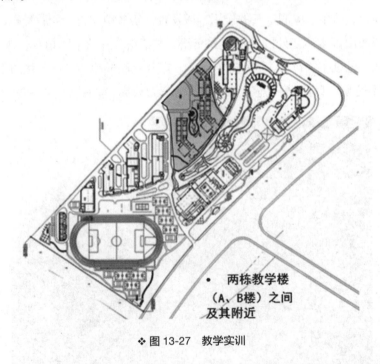

两栋教学楼
（A、B楼）之间
及其附近

❖ 图 13-27　教学实训

微课：拓展园林绿
化基本途径（1）

微课：拓展园林绿
化基本途径（2）

微课：拓展园林绿
化基本途径（3）

微课：拓展园林绿
化基本途径（4）

微课：拓展园林绿
化基本途径（5）

微课：拓展园林绿
化基本途径（6）

微课：拓展园
林绿化新机制

工作任务实施与评价

项目 13 活动实施

项目 13 活动评价与总结

项目 14　立体绿化、室内装饰植物景观设计

工作任务导入　

项目 14 工作任务导入

知识准备

14.1　立体绿化植物景观设计

14.1.1　立体绿化的分类

立体绿化分为墙面绿化、阳台绿化、花架、棚架绿化、栅栏绿化、坡面绿化、屋顶绿化等。如图 14-1 所示。

❖ 图 14-1　简单的屋顶绿化

14.1.2　城市立体绿化的基本功能

（1）墙面绿化：装饰建筑物的内外墙和各种围墙。

（2）阳台绿化：建筑装饰，供人休息纳凉，室内外空间的连接通道。

（3）篱笆绿化：维护和划分空间区域；分隔道路与庭院，创造幽静的环境，保护建筑物和花木不受破坏。

（4）坡面绿化：环境保护和工程建设。

（5）室内绿化：利用植物与其他构件以立体的方式装饰室内空间，如图 14-2 所示。

❖ 图 14-2　室内绿化

14.1.3　城市立体绿化植物景观设计的原则

充分利用不同的立地条件并且考虑不同植物对环境条件的需求，选择合适的植物种类，同时考虑植物的观赏效果和功能，如图 14-3 所示。

❖ 图 14-3　城市立体绿化植物景观设计

14.2 其他类型绿地的植物景观设计

14.2.1 屋顶绿化的植物景观设计

1. 特点

屋顶绿化的植物景观设计特点有：面积较小，形状规则，地形变化较小；人工土层较薄，所种植物较小型；不与自然土连接，水分来源受限；建筑物承载力有限，植物选择与建筑小品等均受限；水分蒸发较快，影响植物的生长；视野开阔，借景容易，人流量少。如图 14-4 所示。

❖ 图 14-4　杭州 G20 峰会主会场屋顶花园水边绿化

2. 影响绿化因素

（1）有利因素：光照较好；温差大，有利于累计有机物；空气清新，流通快。

（2）不利因素：水分蒸发快，土壤湿度受影响；土层较薄，水分及养分不足，影响植物生长；高处风力较大；屋顶的承重和防水较为重要；局限性较大，植物选择上需要考虑更多因素。如图 14-5 所示。

❖ 图 14-5　杭州 G20 峰会主会场屋顶花园道路绿化

3. 布局的基本原则

功能合理、分区明确、空间有序、景观丰富。

4. 布局的形式

（1）自然式园林布局：① 少量使用自然起伏、和缓的微地形处理。② 水体的轮廓为自然曲折，驳岸也讲究对自然的模仿。③ 植物要反映自然界的植物群落之美，花卉布置以花丛、花群为主。④ 道路与休憩场地的外形轮廓也采用自然式的曲线布置园路的布置需要考虑回环性、疏密适度、因景筑路和曲折性。

（2）规则式园林布局特征：有明显中轴线；地形剖面全是直线；水体外形轮廓为几何形；广场多呈规则对称的几何形，道路呈网状、放射状；种植考虑全局规划。

（3）混合式园林布局注重自然与规则的协调统一，以求得景观的共融性。在屋顶花园中使用较多。如图 14-6 所示。

❖ 图 14-6 屋顶绿化的水边植物种植

5. 植物的选配原则

（1）选择耐旱、抗寒性强的矮灌木和草本植物。

（2）选择阳性、耐贫瘠的浅根性植物。

（3）选择抗风、不易倒伏、耐积水的植物。

（4）选择以常绿为主，冬季能露地越冬的植物。

（5）尽量选用乡土植物，适当引种绿化新品种。

6. 植物应用

（1）乔木：罗汉松、白玉兰、紫玉兰、龙爪槐、珊瑚树、棕榈、蚊母、金橘、红枫、紫叶李、樱花、西府海棠、侧柏、女贞、南洋杉、龙柏、梅花等。

（2）灌木：紫荆、紫薇、海棠、蜡梅、月季、六月雪、石榴、小檗、南天竹、桂花、八角金盆、黄杨、栀子花、金丝桃、八仙花、木槿、矮生紫薇、锦葵、杜鹃、牡丹、茶花、含笑、丝兰、茉莉、美人蕉、大丽花、苏铁、百合、百枝莲、鸡冠花、枯叶菊、洒金桃叶珊瑚、海桐、枸骨、火棘、红瑞木、结香、棣棠、爬地柏、榆叶梅等。

（3）宿根类植物：菊花、石竹属、百里香属、大花金鸡菊、紫菀花、荷花等。

（4）地被类：葱兰、韭兰、麦冬、佛甲草、黄花万年草、垂盆草、凹叶景天、马尼拉、马蹄金、红花酢浆草、结缕草、野牛草、狗牙草、普通早熟禾等。

（5）草木花卉类：一串红、凤仙花、翠菊、百日草、矮牵牛、孔雀草、三色堇、金盏菊、万寿菊、金鱼草、天竺葵、球根秋海棠、风信子、郁金香、旱金莲、鸡冠花、大丽花、雏菊、羽衣甘蓝、千日红。

（6）藤本类：常春藤、葡萄、紫藤、爬山虎、扶芳藤、金钟花、凌霄、木香、五叶地锦、牵牛花、金银花、蔓蔷薇、连翘、炮仗花、丝瓜、扁豆、黄瓜。

7. 分类

（1）按使用功能分：公共游憩性屋顶花园；营利性屋顶花园；家庭式屋顶小花园；科研、生产用的屋顶花园

（2）按建筑结构和绿化形式分为以下两种。

① 坡屋面绿化。如图 14-7 所示。

② 平屋面绿化：苗圃式；分散周边式；活动盆栽式；庭院式。

❖ 图 14-7　屋面绿化

14.2.2　城市公园的植物景观设计

（1）原则 "以人为本" 的原则，为居民创造健康、舒适的休闲区域。

（2）自然生态和谐原则：在尊重自然的原则下，充分利用原有的地形地貌，适当修整，使植物的柔美与建筑的硬质美自然和谐地统一起来。

（3）经济实用原则：在保证使用功能的前提下，尽可能降低成本。如图 14-8 所示。

❖ 图 14-8 城市公园植物景观设计

14.2.3 植物专类园的植物景观设计

专门收集栽植在一定范围内有亲缘关系的或形态上相似的植物，或者表现一个特定主题的植物。如图 14-9 所示。

❖ 图 14-9 特定主题的植物

14.2.4 室内装饰的植物景观设计

1. 概念

利用植物与其他构件以立体的方式装饰室内空间。如图 14-10 所示。

2. 主要方式

（1）悬挂：将盆钵、框架或具有装饰性的花篮，悬挂在窗下、门厅、门侧、柜旁，并在篮中放置枝叶下垂的植物。

（2）运用花搁架：将花搁板镶嵌于墙上，上面可以放置一些枝叶下垂的花木。

（3）运用高花架：高花架占地少，易搬动，灵活方便，并且可将花木升高，弥补空间绿化的不足。

（4）室内植物墙：主要选择多年生常绿草本及常绿灌木，依据光照条件适当选择开花类草木搭配，需能保持四季常绿，花叶共赏。

❖ 图 14-10　室内装饰的植物景观设计

微课：G20 绿化　　微课：G20 绿化　　　微课：G20 绿化
案例分析（1）　　案例分析（2）　　　案例分析（3）

工作任务实施与评价

项目 14 活动实施　　项目 14 活动评价与总结

附　　录

附录 1　江浙沪常用园林植物生态因子参考表

附录 2　常用行道树一览表

附录 3　常用造景树一览表

附录 4　常用草坪和地被植物一览表

附录 5　常用花卉种类一览表

附录 6　常用园林植物观赏特性图示

参考文献

[1] 芦建国. 种植设计 [M]. 北京：中国建筑工业出版社，2008.

[2] 刘荣凤. 园林植物景观设计与应用 [M]. 北京：中国电力出版社，2009.

[3] 王波，王丽莉. 植物景观设计 [M]. 北京：科学出版社，2008.

[4] 金煜. 园林植物景观设计 [M]. 沈阳：辽宁科学技术出版社，2015.

[5] 何礼华. 园林植物造景应用图析 [M]. 杭州：浙江大学出版社，2017.

[6] 车生泉，郑丽蓉. 园林植物与山石配置 [J]. 花园与设计，2004（11）.